U0889906

钓鱼人聪明幽默永不老

一位垂钓迷的顿悟、趣事和人生教训

[美] 保尔·昆内特　著　李唯心　译

北方文艺出版社

黑版贸审字　08-2019-041号
原书名：FISHING LESSONS: INSIGHTS, FUN, AND PHILOSOPHY FROM A PASSIONATE ANGLER BY PAUL QUINNETT
Copyright © 1998 by Paul Quinnett
This edition arranged with ANDREWS MCMEEL PUBLISHING through BIG APPLE AGENCY, INC., LABUAN, MALAYSIA.
Simplified Chinese edition copyright:
2018 Beijing Lightbooks Co. Ltd
All rights reserved.

版权所有　不得翻印

图书在版编目（CIP）数据

钓鱼人聪明幽默永不老：一位垂钓迷的顿悟、趣事和人生教训 / (美) 保尔·昆内特 (PaulQuinnett) 著；李唯心译. -- 哈尔滨：北方文艺出版社, 2019.5
书名原文: FISHING LESSONS: INSIGHTS, FUN, AND PHILOSOPHY FROM A PASSIONATE ANGLER
ISBN 978-7-5317-4275-3

Ⅰ. ①钓… Ⅱ. ①保… ②李… Ⅲ. ①人生哲学—通俗读物 Ⅳ. ①B821-49

中国版本图书馆CIP数据核字(2019)第053336号

钓鱼人聪明幽默永不老：一位垂钓迷的顿悟、趣事和人生教训
Diaoyuren Congming Youmo Yongbulao Yiwei Chuidiaomi de Dunwu Qushi he Rensheng Jiaoxun

作　者	[美] 保尔·昆内特
译　者	李唯心
责任编辑	王　丹　赵　芳
封面设计	烟　雨
出版发行	北方文艺出版社
地　址	哈尔滨市南岗区林兴街3号
发行电话	0451-85951921　85951915
网　址	http://www.bfwy.com
邮　编	150080
电子信箱	bfwy@bfwy.com
经　销	新华书店
印　刷	固安县京平诚乾印刷有限公司
开　本	787 × 1092　1/32
印　张	11.5
字　数	250千
版　次	2019年5月第1版
印　次	2019年5月第1次
定　价	48.00元
书　号	ISBN 978-7-5317-4275-3

目录

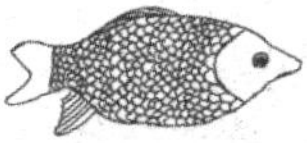

序

有一天，我和保尔·昆内特一起去一家日本餐馆，两人刚刚落座，一位女士便急急忙忙跑过来，板起面孔用日语对着我们大吼。后来发现她就是那家餐馆的老板娘。我一下子愣住了，手足无措，一脸的尴尬，不知道我们两个干下了什么样的令人讨厌的事情，不过在这样的情形当中，多半都是昆内特惹出来的事。他立即反戈一击，也对那女人大吼起来，神情同样严峻。这使我更加紧张，但让我放心的是，老板娘大笑起来，还欢喜地拍着巴掌。很明显，这是他们两人之间长时期建立起来的一种玩笑。但是，令我吃惊的事情尚没有结束。保尔不仅以同样的方式对那女士反唇相讥，而且他还是用流利的日语对骂的！跟这样一位五十五岁、身高六英尺四英寸的美国朋友一起吃午饭可不是每天都遇得着的事情：**他碰巧是位临床心理学家、作家、散文家、杂志撰稿人、专栏作家、幽默作家、教师、讲演人、公共发言人、企业家、专业侃爷，而且最重要的是，他还是位垂钓迷**。就是这么一位先生，这天中午嘴里突然就冒出了一大串日语。就算他当时用舌片说起话来我也不会更加惊讶。我假定他下一步准会这么干的！天知道他是因为什么才去学日语的，也许是为了便于在日式餐馆里点菜吃吧。那看起来是太过分了，可是，如果不谈过分，那保尔·昆内特就什么都不是了。

读这本书，你会了解的一件事情是，里面没有一篇是讲如何垂钓的。嗯，也许有一篇吧。这一篇就是：请多钓鱼！不管你觉得自己钓了多长时间鱼，有一件事情我现在就可以告诉你：保尔·昆内特一定会嘲笑你少得可怜的垂钓经历。你说你每年都钓鱼，而且每个星期六都钓。打住！不要再说下去了。你会让昆内特大笑起来。保尔本人参加各种社会活动，忙得很，他只抽出一部分时间来钓鱼，那是他认为人们应该花在钓鱼上的最少的一部分时间，如果人们希望保存或者恢复自己的心理健康，也总体上保持正常的人生观的话。他确保自己一年至少花八十天时间钓鱼！而且不光去他生活的乡间小屋周围的五十个湖里钓，还要去全国各地钓，到外国去钓，到遥远的海域去钓。

容我把话说清楚一些。这本书是讲教训的。不过，这些教训不是关于钓鱼的，尽管这些话题皆出自钓鱼。这些教训是讲节制与过度、成功与失败，讲均衡、生与死、希望、幽默、道德、爱等，但它也讲保尔·昆内特垂钓之事，没完没了地钓鱼的事情。

我研究保尔可谓是有年头了，因为他是一位值得研究的人，他是我认识的最忙碌的人类。对我们这样观察他的人来说，他就像一个小黑点一样穿透人生，可突然之间，这个黑点停了下来，他就出现了，站在齐屁股深的水里，将松软的绒毛团一样的东西扔到水波荡漾的蓝色水涡里，然后他就不见了，我们只好急忙赶赴未来的下一次约见。他如何做到这一点的？这是我经常问自己的一个问题。作为世界上领先的自杀研究专家，他将一辈子的很大一部分时间贡献给了处在最后的痛苦与绝望之中的人们。他是否向他们推荐过钓鱼的事情，把它当作一种疗法？“只有傻瓜才不会那么做。”他说。而且我还不得不信他。昆内特是我认识的最清醒的一个人。是什么使他这样的？如果不是因为钓鱼，那又是因为什么呢？

这本书本身回答了很多有关保尔·昆内特的问题。本集中我最喜欢的一篇是讲保尔小时候击败鸡屎，或者说铲走鸡屎的那件事。在我看来，大多数人都不能够从一堆鸡屎上领悟很多人生道理，但保尔却从中总结了人生教训，正如他从很多小事情当中也看出了人生万象一样。我们应该忘记其他所有讲极成功的人的成功秘密的书。如果你真想知道到底是什么引导一个人成功，那就请你读读保尔·昆内特的鸡屎论。

他坐着喷气飞机满世界乱飞，这里发表一通讲演，那里领回一批奖牌，但他的机舱行李箱里总放着一只钓鱼工具箱。这就是保尔将一只脚踏在实地上的方法，而且，大家会从他的文章里得知，这也是他将另一只脚踏回19世纪的方法。他擅长在信息时代里浏览，但并不是十分喜欢这方面的事情。

“节俭”是昆内特用来描述自己的一个词，这本书里面也有很多讲俭朴教训的文章，这一点是肯定的。保尔什么都不肯扔掉，连他的鱼骨头都包括在内。他将切完鱼片后的鱼骨架放在后院一只大桶里做鱼肥料的故事，是我时常都喜欢再读一遍的文章，而且我知道这个故事是真实的。在这位杰出的心理学家的后院里，放着一个臭不可闻、和定时炸弹一样的造肥桶，在里面酝酿、翻腾和飘出来的气体云集低空，发出来的臭气如此难闻，令住得最远的邻居也抓起望远镜到自家屋顶平台上搜寻犯罪地点。当然，保尔总是头号犯罪嫌疑人。然后，说到了他妻子安的园艺聚会节，聚会就在昆内特家的后院进行，而且……嗯，那个地方真是太可怕了，我可不敢去冒险。你们大家读读那一篇文章就明白了。

我不太喜欢读保尔的文章的一大原因是，读完一篇我每每都会产生强烈的冲动，非得再提高自己一下不行。因此我头上搭着一块湿布躺下来，过一会儿之后，这样的冲动才会消散，但不会完全消散。他的文章总使我要换个角度看人生。在这样的一些时候，只有一件事情能够做：抓起渔竿和一本讲蝇类的书，然后直奔最近的湖。

多年以前我在文章当中预测，保尔的《巴甫洛夫的鳟鱼》会成为讲钓鱼的经典著作，哪怕它不完全是一本讲钓鱼的书。我相信自己当初的预言已经变成现实了。因此，关于这本书我不会再做同样的预测了。容忍这么一个创作了一本经典著作的朋友已经是很难受的事情了。他要出了两本经典著作岂不是要了我的命?

——帕特里克·麦克马纳斯

前言

作为一名作者，我第一件事就是要揪住各位的上衣翻领，把你们高高地拎起来，只让脚尖够得着地，然后来一个摔跤中的锁臂动作，让你们好好听我说话。

我相信现在已经将各位的注意力锁定了，此时我要将你们放回地面，让大脚趾也着地，然后听我解释几件小事。

两个人相遇的时候——例如在飞机上，或者在一家书店里——可以预测他们会交换少数一些信息。在这些透露出来的信息的基础上，并根据这两个人的需求和性格，他们的对话要么朝前发展，要么一下子就打住了。所交换的信息不是名字，而是两个关键问题的答案："你是哪里人？"和"何处高就？"

这两个人只有在发现有某种共通之处，或者某一样的爱好时，彼此才会交换名字。在这两个问题当中，职业的问题到目前为止是最有力的预报器，它能够预示两个人的关系能否在未来发展下去。

不幸的是，由于读者与作者之间内在的这种关系，你们无法告诉我一些什么，但我却可以对你们讲讲我自己。因此，我们的问题已经解决了一半。且听下文。

先说说第一个问题："你是哪里人？"我出生在洛杉矶，在圣贝纳迪诺附近长大，目前住在华盛顿州东边乡村有树林的五公顷地里，离斯波坎县不太远。说到华盛顿州的时候，人们常会产生一个错误的印象，以为那里经常下雨，其实不然。我离开出生地而选择定居于此，是因为这里有漂亮的乡村，住地周围有五十座湖，还有小溪流过，里面全都有鱼。我长大成人的地方包括加利福尼亚、艾奥瓦和俄勒冈州，还去亚洲、欧洲、墨西哥、南美和加拿大生活过一阵子，并且在从东京到纽约再到巴黎的很多大城市的飞行间歇里浪费了很多时间钓鱼。因为我的工作和钓鱼习惯，一辈子走了不少地方。从根本上说，我还是一个喜欢在家消遣的男人，每次回到华盛顿州东边的家我都非常高兴，这里有熟悉的一切，令我沉醉其间，有松间微风令我得到安抚，还可以在自己的家乡到处钓鱼。跟《柳林风声》中的莫尔一样，走近家乡我都能闻到它，再次回家每每总有发自内心的愉悦感。

第二个问题“何处高就”是关于身份的问题，我的答案是：我以临床心理学家、自杀学家和垂钓/旅行作家的身份谋生。我一直都在过两种生活，通常是三种。之所以能够这样，是因为我看起来不像别的人一样需要很多睡眠，我一天到晚乐呵呵地东奔西跑，心情特好，中间只有几天沉闷的时候，但是，我的行为又不完全符合情绪障碍者的诊断标准。我是有福之人，身上有无穷无尽的上进力量的源泉，我一向也告诉自己要把这些力量用在正点子上——这些习惯全都在书里的一篇文章里写清楚了。

目前，我的绿树行为卫生研究所已经投入一项全国性的运动，旨在帮助减少美国高得可怕的自杀率对美国人、他们的亲朋好友，还有企业和国民经济造成的巨大损害。我们起草了一套公共卫生培训计划，告诉每一位美国人做哪些事情可以防止同事、亲人和所爱的人自杀，为此，我有幸得到艾利·利莉公司（Eli

Lilly & Company）对我的研究工作的支持，我还说服凯丽·费雪主持了一个短篇录像节目，用以推广这个为时1小时的培训计划。有人问我是怎样请到凯丽·费雪来主持这个节目的，我回答说："如果你要问这个问题，那你就没有明白那个'力'。"

不管那个"力"是什么，反正我已经得到了当之有愧的支持。我一生的运气都不错，不论是在爱情、工作还是在钓鱼上。我也不知道其原因何在。

我一生干过不少工作：捡草莓，送报纸，在养鸡场喂鸡，测量土地，在美国林业服务处工作了一年，在一家钢厂干活，洗过碟子，在加油站当加油工，当兵保卫过自己的国家，还当学生学过不少课程，当过公共讲演人，还当过大学教授。尽管推迟了许多次，走了不少弯路，产生过许多不满的想法，但在一个疼爱人的妻子和无私的父母的支持帮助下，我还是想办法拿到了临床心理学的硕士和博士学位，完成了医师实习，在拿到行医执照后还找到了一份真正的工作。那是在一家州立精神病院的工作，自那以后我写了不少书，还有数百篇文章和故事，全都是为几家大型户外活动杂志和飞行垂钓杂志写的，还包括其他一些报纸和杂志，比如《新闻周刊》《纽约时报》《今日心理学》及众多的职业和专业学刊。这一路我不知怎么就克服了儿时口吃和害怕当众讲话的毛病，而且做得非常成功，我现在光靠讲演报酬就可以支付全年东奔西跑的钓鱼费用了。

我并不是很清楚自己到底是如何做到这一切的，但我真的做到了。有朝一日我也许会搁下渔竿好好想想这个问题。此前我打算体会一下人生的神秘之处，好好地热爱生活，热爱自己的妻子安，并且尽量多多钓鱼。

临床心理学家、自杀学家、作家，还有垂钓迷——在本书中，我希望把所有这几种人全都放在一个人身上，变成一个人的声音。这本书完成了一个三部曲，从《巴甫洛夫的鳟鱼》和《达尔文的鲈鱼》开始，那是就垂钓者心理学写的第一批书。这本书由笔记、短文、故事、小品文、简评和拉拉杂杂的一些文字构成，是我向朋友们许诺了几年要写的。“写点有哲学性的东西。”他们说。这里就是了。

在接下来的篇章里，**我把自己对一些人的理解，对钓鱼的理解，对人生的认识以及对我自己的认识拿出来跟大家分享。其中一些可能是小题大做，还有一些是大题小做**，但是，因为这是一本到手只好拿着的书，各位不妨翻翻喜欢的，其余的扔在那里不管它。为了凑兴，我还录入了一些只有一行的警句，是我钓鱼心情好的时候脑子里冒出来的一些想法。就把它们看作是佐料吧。

到目前为止，我已经钓了五十年的鱼。钓鱼也许已经成了我信仰的一门宗教。如果钓鱼成了我的宗教，那它是一门宽泛得多的宗教。**它的本质是不排他，它接纳一切的信条和旗号，欢迎所有的人生方式和芸芸众生，不管精神与肉体是破碎残损还是完整无缺。任何一位探求者，任何一位香客，任何一个满怀希望的旅行者，只要他相信垂钓这门艺术和运动，都可以找到某种有意义、有目的、传统和令人惊奇的东西，它能娱人身心、清人灵性。**

好了，我现在要松开各位的衣领了。谢谢各位的关注。

保尔·昆内特　华盛顿州切尼市　1998年

引子

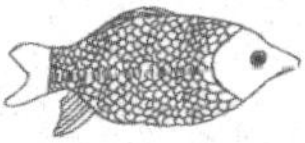

我住在乡下的一条砾石路边，完全是有意选择的。我们最后一次搬家的时候，跟我休戚与共三十年的爱妻安跟我争起来，说我们深入乡间要到什么程度才算个完。我的意思是去有鳟鱼的小溪边安营，这场大战我没有打赢，但是，后来要去一条乡间小路旁的几公顷林地里扎寨，这个小冲突我还是小有胜利。那是用雪松搭建的一处小窝，远离城市的种种局限。

妥协使婚姻得以保持；经常性的妥协使婚姻令人愉快，只要你争输了以后不心存怨恨就行。而人总有输的时候。如果你跟自己关爱的人发生争吵时从不输，那你要么是单身汉，要么就是鳏夫一条，或者迟早会有这么一天。希望有持久的爱的生活吗？不时地输一两回，而且不要总想着扯平。

在这个星球的表面，在我和安有可能去生活的所有地方，我们想去哪里住就去哪里住，因为在五十英里的半径内，你会找到我们所有的孩子和孙子。而且，为了平息因为人多拥挤造成的不满，这里还有五十多处湖泊、河流和小溪，里面还全都有鱼。

生活在靠近亲人和有鱼之水的地方看来也不是对生活的苛求，我年轻的时候还想象过立即就这么做，岂知人们应该推迟一切美好的事物，直到自己有权享受为止。

或者直到自己挣来这一切为止。

或者直到你偿还了所有的债务开始收获为止。

但我是有幸之人。我并不知道这个规则。我蠢得不行，以为如果你想在世界最美妙的垂钓过程当中跑去跟家人住在一起，那你就应该径直照做，搬过去住就是了，而且一了百了。我的意思是说，你能够蠢到那种程度吗？

更有甚者，尽管有人警告，我还是想去哪里住就去哪里住。我从西雅图的市区搬到华盛顿州东部偏远地带去开始我的职业生活，结果许多雄心勃勃的工作上的熟人都惊呆了。“我的天！”他们闻而生畏，“那里是一片沙漠，是一片智力的荒原。你是不是疯了？那里的街道连柏油路都还没有铺！”

我并没有理会他们，是不是智力荒原那是你们自己去想的事，也可以说我要找的正好就是一个虚拟的荒原，那里有砾石路交错，通往谁也不知道的地方，再从谁也不知道的地方通往可以垂钓的鱼塘。跟纽约本地人一样，他们永远也不会明白。我无心为朋友们指明，荒原跟美一样全在于打量它的人的态度。另外，我不喜欢铺了柏油的路面，而在华盛顿州东边的乡间正好就缺少这样的路面。

让我在这里表明自己的立场吧：我讨厌柏油路面，我憎恨它。我一辈子都踩在柏油路面上，速度太快了。我的一生都在跟铺路机灼热的气体赛跑。柏油路铺到的地方，自然就会退让。柏油路毁掉了我的出生地洛杉矶。柏油路毁掉了南加州山区我度过童年时代的地方。柏油路一直悄悄跟在我身后，从西海岸一直到东海岸，然后又从那里再赶回来。柏油路将我赶出西雅图。因此，我躲在雪松小屋的林中，踏着砾石小路，心里在祈求没长头脑的柏油路永远也不要再找到我。

我做了荒原里一口小池塘里的小鱼，做了这样的决定断然没有后悔的道理。在春天、夏天或者秋天的傍晚，我可以从所居之地开车到任何一座湖边去，周围一共有十几座湖泊，我可以投下飞虫钓起鳟鱼，或者投下臭虫钓起鲈鱼。我也可以闭门不出，在后院的松树下用砖堆成的火塘点起营火，倒上一杯烈酒，心下想着我想去钓鱼现在就可以去钓鱼，得一份心的满足。一个钓鱼的人是否天天去钓鱼并不重要，重要的是他知道他随时可以去。贴近你内心珍爱的一切是欢乐最可靠的源泉，不管这样的珍爱是家人、朋友还是垂钓。

几年以前，一位弥足珍贵的朋友去世。她爱生活，生活也爱她。我为她写了悼词，事后哭得跟个孩子似的。她是我唯一的姐姐。她喝了几杯玛格丽特酒之后，常常会说这样的话："时不时早早地回家。喝一杯酒，烤一大块肉，好好和爱人在一起。人生的第一课就是要学会享受。"然后，她会端着酒杯咧嘴大笑，再补充说："人生的第二课和第三课也是要学会享受。"

如何轻松交朋友

我做自杀预防专家的工作，经常旅行，走很远的路，说很多话，在汽车旅馆睡得多，也见到不少世外高人。只要有可能，我都会戴上最喜欢的鱼纹领带。鱼纹领带经常会触发这样的问话：“你是个渔民吗？”这自然就引出了钓鱼的话题，有时候还会接到邀请去他们那里钓鱼。

如果你想交上新朋友，如果你想为这个世界带来安宁和相互理解，那就请戴上鱼纹领带，穿上有鱼类图案的T恤衫，戴上有明显标志的钓鱼帽，配上银色的鱼形装饰物，或者鱼饵形的耳饰。不管你以什么方式说出来，只要说“鱼”字就行，整个世界都会来到你的跟前。

我个人最喜欢的鱼纹领带是一个叫亨廷顿品牌的，上面有小小的虹鳟鱼一层层叠起来，一条叠在另一条上，形成红色条纹鱼的重复图案，底色是黑的，极漂亮。这样的领带如此漂亮，以至于我看见一个朋友脖子上系着这样的领带就说：“布莱特，我要你那条领带！”布莱特·亨雷是艾利·利莉公司的医药代表，在客户服务方面很有一套，他解开领带，用一个连贯的动作迅速抽出，然后递给我：“归你了。”

“啊，不！布莱特，这我可受不起。”我提出异议。

但我还是笑纳了。

戴着一条鱼会引人注意，甚至会招人喜欢。也许你是在用象征性的语言说“我喜欢钓鱼”，因此你同时也就是在说：“我是友善之人，有思想，跟人合得来，不喜欢政治，有道德，与人为善，温柔，有点爱思考哲学问题，喜爱自然，也想结交有趣之人。”

在我来说就是这样的。

鱼儿咬钩时更容易明白人生的意义。

我过两种人的生活

20世纪50年代我还是个孩子的时候，大家都很喜爱看一部叫作《他过两种生活》的电视系列片。我记得，主角是联邦调查局的一名便衣特工，名字很怪，叫赫柏·费尔布里克。电影里面别的情节我都记不太清楚了，但我记得赫柏打入敌方内部，获得了敌方的信任，他经常挂着担忧的面容，经常抹自己的眉毛。我当时是个小孩子，我发誓说，如果俄国人不用核武器将我们全部消灭掉而我又长大成人，那就一辈子也不当便衣，也不过两种生活。现在，当然，我还是过上了。

一种生活是当钓鱼的人，还有钓鱼作家，表面看起来愉快、开心，内心感觉起来也是愉快和开心。看到什么就得到什么。而在另外一份生活当中，我是个临床心理学家，在外表看来像是很有专业精神，发自内心的感觉也是很有专业精神。如果你平日看到我，那我是钓鱼的人，不是心理学家。除了朋友、家人、同事和客户以外，保尔·昆内特二十五年来一直都是一名不为人所知的心理学家。

我于20世纪70年代初期进入秘密生活，大约在那个时候，我明白了当临床心理学家就是让自己无法真正地跟人谈话。远在当时，如果你对同飞机的人说你是个精神病医生，会发现他手里的《华尔街日报》一下子破一个大洞，人们立刻会离你远远的，刚刚起个头的人际关系立刻就断了线。

如果我想谈话，我就去当钓鱼作家。我们一般会跟作家和钓鱼的人谈话。如果我不想跟人谈话，我就成了临床心理医生。因此，我开始过两种人的生活了。

多年以前，社会心理学家慢慢了解到，两名陌生人交换的第二份信息是职业，而各人的名字是很远以后的事情。

第一个陌生人：是啊，这趟飞机去芝加哥需要两个小时。您做什么工作?

第二个陌生人：两个小时还不是很慢。我做销售。您呢?

第一个陌生人：我是股票经纪人。大部分都是小资金。

对第二个职业问题的回答一般会确定对方会不会继续下去。如果你下次飞芝加哥想找人说说话，可以当电影导演，外来的舞者或者钓鱼导游。如果你想抓紧时间睡一会儿，那就当丧葬承办人、保险代理人或者国税局审计师。

曾几何时，我们精神病医生可以简单地宣布自己的职业，然后一下子就终止烦人的对话了。但是，由于费尔、奥普拉和萨利以及其他一些人的缘故，一度曾是一门私密、隐晦和病理学上的职业变成了公开、受人欢迎和娱乐性的职业。受阻的爱情生活、亲族仇杀、古怪的性生活、不忠诚、异装癖、外星人绑架、自杀和临终关怀等都成了耸人听闻的奇事，因此也为广大的美国人所接受，大家习以为常，觉得这是属于正常范围内的文化意识，因此，再说你是个精神病医生就不太保险了。

多年以前，只有一次，我在从洛杉矶去迈阿密的途中露出了真相。起飞后不久，坐在身旁的一个家伙做了自我介绍。他是位建筑承包商，直奔危地马拉或是别的什么地方为他的教会做慈善工作。他问我做什么职业。

“我是临床心理学家。”我说，揭开了我的钓鱼作家面罩下的真面目。

“啊，”那人咕噜了几句，两手抓在一起，“真了不起！我有性无能，还有一紧张就要拉屎的毛病！”

我也说：“可我并不是一个好的心理学家。”

太晚了。除了返航的太空船以外，那是从任何地方飞往佛罗里达的最长的一次飞行。

只有另外一次是我内心的心理学家忍不住想跳出来站在一

个陌生人面前的。几年以前，在从斯波坎飞往明尼阿波利斯的途中，我就坐在一个吸血鬼旁边。我知道它是一名吸血鬼，而不是某种一个小孩子在玩中产阶级思想的把戏，因为他有面糊状的苍白皮肤、长指甲、廉价珠饰、黑色斗篷和一对尖得像针尖一样的长长的牙齿，稍微一笑就露了出来。

我仔细观察了那对牙齿，共检查了三次。当然，我不会当面去看。你可不想在一个吸血鬼面前太直接了吧。那吸血鬼对我笑的时候，我很快朝旁边看去。我不知道人们一般应该对吸血鬼说什么，当然我不会去问："你那对牙齿是真牙吗？"我在电影里面看到过很多假吸血鬼，那不是你想责备的人。我不知道吸血鬼对心理咨询是什么样的接受态度，因此只是不出声，根本不提自己做什么工作。我的鼻子埋在一本小说里，尽量表现得随意一些。

如果脱口秀使我当心理学家已经成为不可能的事情，那现在，罗伯特·莱特福德的《大河恋》也使一个钓鱼者成为不可能的事情。完全不懂钓鱼的人，只要打开话匣子，就有可能让你烦死，耳朵都会烦掉，他们尽说些胡扯的话——这意味着我还需要第三种生活。

因此我一直都在想……

我的牙医安慰我说，他可以为我装一副便携式但非常逼真的吸血鬼獠牙。当然，我还是那个疲倦的中年便衣钓鱼心理学家，坐在外出旅游者的机舱里，但是，当我想小睡一会儿而不想说话或者做咨询工作的时候，至少我能够控制一下结果。

如果我选择小睡一会儿，而不是给坐在旁边的乘客做免费心理咨询，也不想跟刚刚学钓鱼的人大费口舌，当飞机开上跑道时，我可以临时将头偏向窗户一边，突然一下子戴上假牙。空姐过来问我喝什么饮料的时候，我会转身对同座咧嘴大笑，说：“请倒红酸果汁……有热的更好。”

我想我会好好睡一会儿，旁边再也不会有担忧的面容和不停地擦眉毛的事情。我的意思是说，一旦人们发现你干哪一行，他们有可能很快就对你失去兴趣。

我一向不信人们第一次讲出来的钓鱼故事，这已经成了我的一项准则。但是，如果我自己重复碰到好多次那一类的事情，则我又会信那是真的。

最喜欢去的钓鱼地

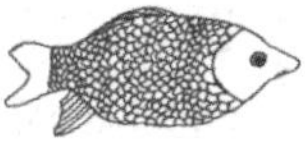

人们经常问我这个问题，但我并没有现成答案。

最喜欢去的钓鱼地并不像丈夫或妻子，女朋友或者男朋友，这些东西你可以拥有好几个而不至于闹出太大问题来。但是，如果你威胁着说永远也不再去钓鱼了，那我有可能说出一个特别的地方：杀手溪。

杀手溪并不真正存在，至少不叫这个名字。在我生活的西部，共有好几百条杀手溪，但几乎所有的杀手溪都受到商业性伐木业和采矿业的威胁。你可能找到你的杀手溪，我也可能找到我的杀手溪。为了保护我们自己的杀手溪，我们当地的户外报纸作家里克·兰德斯称他最喜欢的杀手溪为杀手河。我称自己的为杀手溪。

野外的杀手溪都有一些共同的特征：它们都在一些不通路和没有采伐的分水岭处。河里面都有冰冷、清澈和长年不断的流水，有很深的潭和浅石滩，那是野鳟鱼的最佳栖息地，一英里接一英里长。因为流水的起源在天才知道的高山之巅，杀手溪一般都太冷，不可能有入侵的虹鳟鱼，也不可能有外面来的褐鳟，因此，你只会钓到野鱼和当地才有的鱼。那些鱼比人类所能够想象的自己的历史还要长。

在这些水域的鱼类里面，韦斯罗普杀手鳟是最多的一种，其次是山地鲑、牛头鲑和奇怪的杜父鱼。早些年，牛头鲑的名声不好，因为它吃别的鱼的鱼苗而被人悬赏捕杀，但是，所有的鳟鱼都有吃鱼苗的习惯，只要有一点点机会就行。目前，牛头鲑处在胜负难分的竞赛当中，不知道它的发展速度能否超越公众的敌意和采伐区铺路造成的泥沙冲刷。

让我在这里说清楚，世上没有任何事情比去杀手溪钓鱼更刺激的了。你会看到一条五磅、六磅或者七磅重的牛头鲑从黑暗的深潭里冒出来一口咬住勾了干蝇的长达十英寸的鱼饵。从深水底部一冲而上的牛头鲑会咬住在水下晃动的东西，让你的渔线松动，嘴唇大张，心脏狂跳。看到和感觉到这样一头巨大的攻击者的力量，那是极少有的体验，非常珍贵的礼物，就好像听到野狼嚎叫一样。

最好的杀手溪仍然是一些荒凉之地，只有这样才足以留住牛头鲑。你还可以专门钓牛头鲑。但是，大部分人都缺乏这份耐心。我曾去钓过牛头鲑，我还认识好几个专钓牛头鲑的人，但是，大部分钓鱼的人都还是依赖韦斯罗普杀手鳟相对稳定的饮食习惯。

最好的杀手钓法总是走了很长的一段路之后钓起来一些，扔掉一些。你走得越远，越是没有人迹到达的水域，钓到的鱼就越野。从最近的路开始走，一直走两英里、三英里或者四英里，你得穿过哪怕连小路都找不到的地方，一直在蕨类植物和风倒木的野地里穿行，然后才会找到能够钓到野生杀手鳟的地方，那就相当于听到了摩门教圣堂唱诗班唱出来的振奋人心的救世之歌。

多年以前，我曾走进一个偏远的杀手溪，一边钓一边扔，在三个小时的时间里共有一百多条长达十三英寸的小鳟鱼被钓起来扔掉了。天使在歌唱。这可不是吹牛，人人都可以做到的。

杀手溪是如此美好的地方，鳟鱼是那么漂亮，那么心甘情愿，哪怕新手都能够看到这些镶着珠饰的珍宝流过清澈的溪水来吃鱼饵。因为在这样的竞争气氛下，任何一种昆虫都是一顿美餐，什么样的鱼饵都不太重要了，只要是小虫都行。而对于一个美丽的垂钓之地来说，嗯，我可以打赌，上帝也会在同一个邮政编码范围内钓鱼的。

我自己在杀手溪钓到也扔掉了自己的鳟鱼，也许还不止扔掉了自己应得的部分。我已经积存了自己的快乐，现在想沿着杀手溪继续往前走，去钓几条鳟鱼，然后找到一个多草的河岸和锯木者的电锯下留存下来的古老的冷杉树，在那里躺下来倾听数百万年前的世界发出的声音。如果能够提前知道自己在开始一场私人的伟大旅行之前只有最后一次钓鱼机会了，那我一定会去杀手溪。

杀手溪是渔人的所爱，正如罗伯特·弗罗斯特曾描述过的那种家。对钓鳟鱼的垂钓者来说，“杀手溪是这样一个地方，如果你真的必须钓到一条鳟鱼，它们就会让你钓到一条”。

钓鱼的人不喜欢跑步

我最好的一些朋友都是跑步者。我哥哥曾以三小时四十五分钟的时间跑完了纽约曼哈顿的马拉松。我喜欢长跑者。我只是希望他们不要在饭桌上谈长跑。

钓鱼的人从来不跑步，如果要跑步，那一定是为了追一条大鱼，免得它挣脱了鱼钩。钓鱼的人并不憎恨跑步，他们只是觉得看不出跑步有什么必要。

可以告诉你，我就生活在一个喜欢赛跑的地方。斯波坎市举行的布鲁姆日路跑赛据说是世界上最大型的公路跑活动。虽然因为不参加这样的比赛而有人奚落我，但是，我连试都不曾想去试一下。毕竟，布鲁姆日路跑赛正好是在春天钓鱼的旺季举行的。

布鲁姆日路跑赛吸引着全球很多日常生活中的普通人去全身心投入比赛。这一比赛举办几年之后，我又听闻了一个新成立的组织叫作“梭罗漫步俱乐部”，这一组织致力于为徒步爱好者们提供两地之间更合理的旅行攻略。当时还觉得挺喜欢他们这个理念，感觉并不是做作的假正经。更好的是，在我看来他们也不是急于求成想要达成什么。我给这个组织交了十五美元，得到了一件T恤。

六个月后，那件T恤衫寄到了，上面还印着一句关于俱乐部的简短的话，另附有创始人的一个便签。梭罗漫步俱乐部不聚会，没有会费，也没有日程表，也不接受任何人做会员，也不想实现任何特别的目标。在俱乐部的T恤衫上，俱乐部的会长帕特里克·凯利印着卡尔文·柯立芝1928年说的一句话，现在这句话已经很有名了。当时人们问他是否准备连任，他说：“我不想跑了。”

凯利（他于1990年英年早逝，此前我曾在新奥尔良的拿破仑酒吧里见过他一次）意思是说，有兴趣的人，尤其是钓鱼的人，都应该去读读梭罗1862年写的一篇短文，叫作《漫步》，此后便会明白漫步能够和应该是什么样的。在随附的一封信中，他说他是1966年开始读那篇文章的，但还没有看完。

凯利问，罗伯特·弗罗斯特来到林中分叉的两条路时，如果他匆匆忙忙，我们大家现在会是什么结果？如果诗人走了更多人走过的那条路，从而将他自己的时间拿走几秒，那他经过我们的生活时会是什么样的一个结果？

尽管那个俱乐部现在因为凯利死了而无人料理，但是，梭罗漫步俱乐部的精神仍然非常适合我。我喜欢散步，不喜欢跑步。当然，我可以匆匆忙忙地钓鱼，可是，慢慢来却是一种更大的快乐。钓鱼将你带入大自然，为了理解自然，你必须看、闻、听、尝、触摸和吸纳它。拼命跑的时候，你无法让自己的思想和心情围绕着自然。

我曾试着跑过。我不喜欢跑步带给我的伤痛和磨损。我曾在加拿大的一片泥岩沼泽地里追赶过一匹公驼（想拍一张照片），那些烂泥在使我的膝盖合在一处的东西上面产生的吸附作用形成了令人痛苦的巨大的拉力——这是一种病症，我的整形外科医生后来诊断说那是“四十岁的人偶尔产生的愚蠢现象”。之后，我爬山没有问题，但下山的时候我得直着腿走，就跟弗兰肯斯坦一样。所以，现在我在林中行走，寻找鱼或者野生动物的时候，会将跑步的体力省下来，以便在驼鹿追赶我的时候可以边跑边挥舞相机拍照。

漫步的钓鱼者很少需要做关节外科手术，严重的长跑者只知道他们的外科大夫的名。长跑最坏的地方在于，它看起来支持和怂恿了美国的匆忙症。我们希望自己的孩子学会快速阅读。我们希望他们一个下午搞懂莎士比亚。如果我们要他们快速读完这位诗人的全部著作，为什么不带他们在史密森尼博物馆跑步参观，在卢浮宫里轮滑欣赏？我的意思是说，谁在自己糊弄自己呢？

最后一件事。我跑步的时候无法思想。而漫步却会刺激我大脑里面属于哲学的一面。如果呼吸不是那么急促，我更有可能产生一个有益的念头，至少会想出一个好主意来。从我个人的角度看，如果急急忙忙地喘气，我几乎都没有办法与生活当中天大的笑话搏斗。

跟帕特里克·凯利一样，我还没有再读梭罗的《漫步》。我们于1979年搬到乡间，我的计划是直接就去找梭罗。

我会找到的。

现在就找。

“严禁钓鱼！”

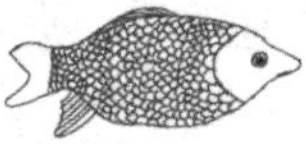

我不否认，我曾在“严禁钓鱼！”的牌子后面钓过鱼。还是一个小孩子的时候，我就已经侵入钓鱼禁区了，而且还在这个过程中长大成人。在骑车或者搭便车能够到达的范围之内，唯一能够钓鱼的地方就是米勒池了，但这个池子周围竖满了警告牌，全都是用大号黑字写的“严禁钓鱼！”我看着米勒先生“严禁钓鱼！”的牌子，心底里冒出一阵阵小小地犯一次罪的冲动，私下里就将它变成了“欢迎垂钓！”

除非你以前是男孩子，或者养过男孩子，否则，也许很难相信男孩子天生就容易受到引诱，时不时想出一次轨。这是我们学习的过程。我们遇到一个机会，心里就想："这里有没有一个人不应该做的事情？"

不管答案是什么，我们都会去试一试。一位儿童心理学家曾确切地告诉我说，如果你想让一个男孩子把一粒菜豆塞进鼻孔里，那就应该对他说："你干什么都可以，就是不要把那粒菜豆塞进鼻孔里。"

在严禁钓鱼的地方钓鱼是我犯过的最不严重的罪行，也是最容易犯的一种罪。另外，米勒先生来抓我的时候，一英里之外我都会听见，等他到来的时候，我早已经安全地溜进树丛，翻到有警告牌的篱笆外面去了。

尽管我父母对我严加管教，但是，我因为侵入他人禁地而应该背负的基督教式的内疚感还是慢慢烟消云散了。那些结总是会解开的。大部分内疚都会在脚跟前的一堆鱼里面化解掉。我猜想我从来都没有想过要让自己产生什么内疚感。

我小的时候上过《圣经》课，得知如果你在内心里犯了罪，那就不妨真的去犯一回罪，因为你终归是要这么想的。我觉得，我在心里是想过要去犯几回罪的，如果人们因为我对这种罪恶的解释而攻击我，那不继续做下去就完全没有意义了，至少会找到一些乐子。

对我来说，侵入他人之地钓鱼从来都不是什么了不得的罪恶，最多也就是挨了一点儿违法的边。它跟禁渔季节钓鱼、杀死超过需要的鱼类或者破坏某人的财产以便到达钓鱼地不在同一个水平上。如果非得有一个定义，可以说越界钓鱼是一种体育活动。

最后可以说是一种农人的体育。直到多年之后我才从历史书中得知，在欧洲，皇族拥有所有的土地和水域，而且还竖起牌子和篱笆将平民挡在外面，让里面的猎物全归自己所有。除了几个世纪之前我父辈那边可能有人是一个法国国王的私生子，还有我母亲那边的某种苏格兰加思里皇族血统之外，最大的可能性是：我的大部分亲族都是一些穷苦白人，也就是说他们多半是些贫穷的苏格兰人、住在破屋烂船里面的爱尔兰人、吃土豆的人、偷猎者和非法侵入他人领地的人。我的猜想是：我的祖先踏过皇家门槛唯一的一次机会有可能就是去那里接受审判。如果确有其人，我家族徽上可能会刻上这样的字：“盗取鱼、皮、毛的行为在上帝眼里并非罪过，因为拥有它们的人并不照看它们。”

美国土著居民有一个信念，认为小偷死的时候，他们必须背上自己所偷的所有东西，而且永远背下去。走运的是，我不是美国土著，因为如果“偷”意味着从米勒先生的鱼塘里偷鱼，那么，光是拖走我从那里钓走的大太阳鱼就得一台十八轮的平板牵引拖车。米勒先生的鱼塘里挤满了大太阳鱼。

儿时越界钓鱼教会了我不少东西。我学会了如何将眼皮子撑得高高的；如何仔细倾听最遥远的天边传来的微弱的卡车引擎声，特别是米勒先生的卡车声；如何相信自己的隐忧，相信一个陌生的偏执狂暴怒起来会是什么样子的；如何在块头比自己大的敌人接近自己之前低头猫腰穿过树篱溜走——所有这些都是重要的教训，我后来去美国陆军当兵的时候就没有必要再上这些课了。

在钓鱼禁地钓鱼可以找到担惊受怕的可口滋味。因为有了被抓住、判刑，而且因偷窃一条两磅重的鲈鱼而被处以绞刑的风险，因此就有了刺激的感觉。而且，因为再次躲到了“严禁钓鱼！”的牌子后面，你知道你又一次逃脱了惩罚，因此也就有了那种特别的生命之轻的感觉。

我从米勒先生的鱼塘里偷鳐鱼已经有好几年的光景了，因此，下面这件事情的发生就令我非常失望了：这一天，米勒先生决定不开车而从农场那边步行过来。

他悄悄溜到我身后，小声问道：“钓到鱼没有？”

我已经因为力量妄想狂而足足憋了两年功夫，全身紧张得跟一只扁虱似的。我一跃而起，箭一样射入塘里，活像一条电动牛蛙，差不多就扑在自己的浮子上了。

我从塘里爬上来，已经语无伦次，结结巴巴地说：“啊依呀……”

老米勒先生笑了笑，看着我落汤鸡的样子说：“下次先到我家那边问问再来。我想知道谁在这边。祝你好运，孩子。”

弗洛伊德的比目鱼

约四十年前我最初研究现代心理学的时候，西格蒙德·弗洛伊德被看作一个神灵，或者简单地说就是上帝，这取决于你自己觉得在多大程度上坚守这位心理分析学之父的观点。现在，这位大师的学说已经开始走下坡路了。弗洛伊德仍然有自己的信奉者，但是，不再有人对他们寄予太密切的关注了。有一阵子，我甚至认为自己就是弗氏弟子之一，这一部分原因是因为1939年他死亡和我出生时星座的位置仅隔着几个月的距离，这叫天文异象预示小事件——还有一部分是因为事实上我教过西格蒙德·弗洛伊德如何钓鱼。

本文标题“弗洛伊德的比目鱼”是大有讲究的。当你已经写过几本诸如《巴甫洛夫的鳟鱼》和《达尔文的鲈鱼》等书以后，你的职责已经非常清楚了。但是，我确曾向我妻子保证过，决不会去写《所罗门的鲑鱼》，也不会写《柏拉图的南瓜子》。

弗洛伊德对人道的影响是难以置信的：他差不多全凭一己之力开创了现代心理学研究。如果你去参加美国精神医学会、美国心理学会或者美国社会工作者协会，那你很难在停车场推开车门的时候不碰到一批打小就研究弗洛伊德学说、弗洛伊德原理和弗洛伊德思想的可尊敬的教授。像伊德（本能冲动）、自我、超我、压抑、文饰作用、预测、升华、反应形成和其他数十个名词已经完全融入英语母语，它们的意义在西格蒙德发明它们之前是我们闻所未闻的。哪怕阅读时喜欢随口出声的人也能够讲流利的弗洛伊德语。

弗洛伊德的写作在我作为一名年轻人寻找一些概念来帮助解释包括本人的行为在内的人类行为时使我倾心。读完弗洛伊德的大作后，使我一下子就进入了最可能令人着迷的职业领域，因此我欠他一笔债——这也是我想教他如何用干蝇钓鱼的原因。

就我所知，西格蒙德·弗洛伊德在世时从来没有钓过鱼。否则，钓鱼一定会改变他对事物本质的认识。如果他以研究人类心灵的同样的热情去研究钓鱼，那么他有可能对人类形成了一种底朝上、有视差、奇妙和像比目鱼一样的看法。不瞒各位，我这么说的时候可是带有极大敬意的。

假如弗洛伊德钓过鱼，我相信他一定会是个喜欢去深海钓鱼的人，他一定想去探究深处的秘密。他一定想去钓各种各样的比目鱼，是的，比目鱼一定会是他喜欢钓的鱼。

弗洛伊德的比目鱼正好就是那种隐秘的、藏得深深的、一侧明一侧暗的神秘之鱼，因为它会激起这位大师的探究欲。我可以看到他在研究刚刚钓起来、正在钓鱼船的甲板上挣扎着的比目鱼的亮闪闪的眼睛。

“嗯，真奇怪。的确，真是令人好奇。它有明的一面，也有暗的一面，就是一种本能冲动与超我，可是，它的眼睛却是一边一只。而且还能够随意变换色彩。这是一种被压抑和有内心冲突的鱼，我看到的就是这样一条鱼！”

你得面对事实：弗洛伊德是个奇怪的人，有着奇怪的思想。他诠释为日常现实生活的大部分东西都来自过度发热的大脑中的创造力。阴茎嫉妒的思想出现在他的脑海里。我不知道那个想法是如何形成的，但是，弗洛伊德曾就阴茎象征符号和阴茎嫉妒的问题做过严肃的讲学。但是，他仍然很喜欢抽精细的雪茄，也喜欢极好的玩笑，曾几何时他还微笑着一边往嘴里塞一根大雪茄，一边跟一个班级的学生说过这样的话：“有时候，一根雪茄就只是一根雪茄而已。”天才知道，如果有人将九尺长的渔竿来回甩动，尤其是当四名女钓鱼者当中的一位这么做的时候，他会从中想到什么样的象征。

心理分析学正在死亡过程当中。有人说，它已经死亡了，关节以上已经在发出臭味了。但凡科学研究尚未完全证实的东西，都会被健康护理产业予以封杀。从现在开始起的一百年之内，弗洛伊德的作品将成为人类思想史上的一个注脚。人们到时会问："西格蒙德·弗洛伊德出了什么毛病？"

好吧，我们这里就有一个答案，尽管是个想象的答案。

西格蒙德·弗洛伊德就在我出生之前死去了。大家也许会问：弗洛伊德的灵魂哪里去了？他死亡和我出生的时候，星星都说了些什么样的话？

为了证实我关于弗洛伊德的灵魂去向问题的学说，我可以在此提供一个简单的小结，是讲几年以前的一次晚会，当时，我们在犹他州最好的鳟鱼垂钓处之一钓了一下午的鱼。我和一位同事在慢慢暗下来的洛基山的天空下躺下来，想尽办法来明白事物的本质。

我对这位同事斯迪夫解释说，根据我当时正在研究的东方神秘主义的看法，一种相当合理的假设是：我1939年11月17日出生的时候，弗洛伊德的灵魂转世到了我的体内。毕竟，灵魂转世说虽然也不怎么样，就是那么一回事，但是，我的心理学课程门门都优秀的成绩如何解释呢？否则我便会是一名普普通通的学生。

"真的，还怎么解释呢？"斯迪夫故意模模糊糊地说，

"在我看来说得通！请把红酒递过来。"

我大喝一口，再把双腿交叉起来，抬头看着北斗七星。"在我看来也说得通！"我学着他的话说，"这意思是说，我教了老西格如何钓鱼……假如人能够在后世钓鱼的话。如果他能，他一定会跟我一样喜欢钓鱼。"

"我肯定他会的。"斯迪夫说，"现在，能不能请弗洛伊德医生把红酒瓶递过来？"

美美地钓上一天的鱼之后，我总会有非常奇妙的感受：像心理分析、占星术、灵魂转世和再生这样一些难以自圆其说的学说听上去有多么合理，有多么完美，尤其是当你在夏天茫茫的星空之下躺着的时候。身边有渔竿，头上有星星，还有一个好朋友，而且这两个人还大大咧咧地喝完了半加仑廉价葡萄酒的时候。

鱼是靠鱼刺穿在一起的。没有鱼刺，它们就会成为无脊椎动物，因此也就不会比蛤壳更难捉到了。当我遇到某些人因为鱼"刺太多"而不去钓鱼时，就一定会假定他们不明白是什么使世界串在一处的。

食人鱼之吻

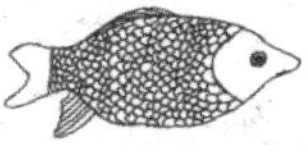

有些事情是你必须在年轻的时候做的，就是远在一种称作理智判断力的东西成熟之前就去做。理智的判断力会夺走人生在世的许多乐趣。太多理智的判断力会使你永远也不会想到用干蝇去钓食人鱼。

有一天下午，我被迫去思考这些事情。当时，我乘一辆轻型飞机在亚马逊的雨林里钓鱼，突然间两台引擎都咳咳喘喘地熄了火。虽然螺旋桨不动了，但飞机并没有一头栽下，而是沿着滑翔轨道继续滑行，在参差不齐的丛林山峰之上的蓝色天空里静静地滑动。飞行员无法解释发生了什么事情，我也十分担心，根本没有心思去问。

当我年轻傻乎乎的时候，没有受到哪怕一星半点的理智判断力的影响，因此发誓什么样的生活都可以去过，就是不能过单调无聊的生活。我希望假如有一天我长大成人了，我不知怎么的还会是一个孩子。至少内心会是这样的。我一直相信，女人爱上的并不是她眼前的这个男人，而是爱上这个男人内心里的那股子男孩子气。我从来都没有因为想保持一颗童心而懊悔过……直到这次引擎熄火为止。

我的第一个念头不是害怕，而是一种静静的沉思，觉得这场表演虽然不是那么逗我喜欢，但它已经结束了。马上就结束，马上。不再有家庭，不再有钓鱼，不再有什么东西。时间到了。我们每个人都会有这么一天，而这一天今天就到了我的头上。因为某种原因我想起了W.费尔茨的诗：“这是个奇妙的旧世界——如果有人活着逃出，那才是有幸之人。”

可是，正当我开始回顾一生的幸事，也历数平生遗憾之时，两台引擎突然又点着了。坐在飞行员旁边的那位钓鱼者回头对我们大家说：“他刚才只是在换翼内油箱！他让一只油箱烧完，然后再次发动了引擎！”

哇。

我又捡回了一条命。就在你我之间，让来此旅游的可怜的外国佬就这么成为几秒钟内钻进亚马逊热带雨林的自由落体，而不事先告诉他为什么，我觉得这不是什么好主意。我更喜欢将自己的存在危机安排在随便哪个星期一的早晨，而不是在我赶赴某个新的钓鱼洞眼的路上。但在当时，我假定那就是发生在很多人身上的事情，他们没有足够多的理智判断力留在家里，反倒要长途跋涉，跑到亚马逊雨林这样的野地里去找什么鱼。

我又开始呼吸后，慢慢松开了紧紧抓住我的渔竿箱的手，意识到自己用干蝇来钓什么食人鱼是多么不明智的一件事。男孩子、男人和祖父都包容进这种存在里面了，因此我自己重复念了这么一句老话："人只能够年轻一次，但人可以一辈子不成熟。"

三天之后，从营地开始北上至文图阿里河。

虽然官方同意的活动是钓孔雀蓝鲈鱼，但我想钓的却是食人鱼。而且要用干蝇钓。一个用干蝇钓鱼的人到亚马逊雨林的心脏地带去可不是为了用电鱼器电一条食人鱼。当然，你可以这么做，他们不会因此而逮捕你，但是，干蝇垂钓者可以特别一些。我确信别的钓鱼者都觉得我很怪，因为他们都是用鱼饵和别的方式来钓鱼的，但我们一向合得来。

因此，我就这么站在靠近急流的一块岩石上，随时准备在食人鱼窝里扔下一只黄白色的干蝇。我用的是一杆轻质渔竿，并开始假装抛竿了。

我只有一次想到要去钓这种能吃人的鱼。人与食人鱼之间的这种事情是相当奇妙的：如果我们捉到了食人鱼，则我们吃掉它们；如果食人鱼捉到我们，则它们吃掉我们。

还是一个小孩子的时候，我常常在星期六的早晨去电影院看约翰尼·韦斯穆勒主演的《丛林吉姆》探险节目，这是系列电影，每周播放一集。丛林吉姆是丛林中的法律和正义，但动荡不定的事物和野兽才是执行者。绑架某位科学家的女儿，或者杀死一些土著，或者从丛林之神的额头上偷取绿玉的代价之一是要接受食人鱼之吻。

也的确是某种接吻。恶人被丛林吉姆追赶至末路的时候，他们会想办法涉水逃生，结果就会突然发现自己被数千条从来没有见过的鱼包围了，它们都有刀片一样尖利的牙齿和极好的胃口。食人鱼一次咬一口，每口都咬到骨头，恶人最后就会尖叫，会沉下去，慢慢就不见踪影了。水沸腾起来，他的四周呈现一片鲜红色。这是完全和完美的正义。没有高价请来的律师，没有保释，没有变更审判地点，没有媒体活动，没有陪审团选择，没有无效审判，没有延缓执行，没有推迟，没有四处活动，只有确切和迅速主持的正义，不折不扣，半点也不减轻，一切都在冷酷的气氛中完成，丝毫看不出大地母亲本人有何恶意。

我在十六磅渔线上绑上了一只干蝇。奥里诺科河谷的这个地区的食人鱼从来都没有超过五磅重的，因此我想，十六磅的单根渔线足以抵抗住它们的牙齿，正好钓起它们来。因为食人鱼并不浮到水面上来，因此我做了一个坠子，让干蝇沉下去，然后调整了一次。干蝇沉下水去，一直沉入泛出绿色的一片狭长水域底下。根据钓鱼导游路易的说法，这里有很多“从地狱冒出来的蓝色大太阳鱼”。

出现了很大的拖力。那条鱼翻转身，然后往上蹿，渔线松了。我往回收线，盯着导线的最前端，结果看起来就好像用一把指甲钳剪断了一样。路易笑起来，用他有限的英语说：“金属丝。”

但是，我伸手摸出在家准备好的一种特制导竿（二十磅的测试力，经四十磅的冲击试验），然后又系上了一只干蝇。

我来到地球这个遥远的角落想钓走的一些小鱼并不是地球上唯一的食人鱼。世界上满是食人鱼——一些满嘴血肉的邪恶之人。我以前认识一位刑事辩护律师，根据谣传，他就在家里建了一个水族馆，里面全是食人鱼，因此，每天早晨出庭之前，他都会亲手喂一些生肉给鱼吃，这样他就可以保持良好的心境。我总觉得这就是那种故意恐吓别人的谣传，多半是这个夸夸其谈的刑事辩护律师本人有意传出来的，直到后来有一天，我作为专家证人参与了他那著名的反讯问。不太喜欢他那个样子。他的确能够撕碎血肉。后来证明他的食人鱼水箱是真的。

但是，四十磅的抗咬渔线应该能够控制住任何食人鱼的。四十磅的渔线根本就是一根绳索了。我扎上一只新干蝇，调整好，看着这只假饵沉入喂食槽了。绿水里闪过一丝银影，之后就有了巨大的拉力。这次，这条鱼惊慌地逃走了，我折断了它的脖子，线又松了。

我收线，回头看看，发现路易蹲在一块大石头上，头上戴着一顶草帽，遮住了大半边脸。我无法确定他是否在笑。但我听到他重复说了一句："金属丝。"

谈到入乡随俗的问题，我喜欢按在家里做得最好的方式去做事情，哪怕不管我碰巧到什么地方这些方法都不适用。安说这是一个天赋。我仔细看着食人鱼之吻咬下的齐刷刷的断口，数了数自己带来的干蝇，因此再往四十磅的测试渔线上绑了一只。我总是个明白事情很慢的人。

这次，往里投了好几次没有动静，但它终于来了：先是猛力一咬，然后什么都没有了。我把渔线取出来一看，发现绿黄色的假鱼饵还在上面，但看上去就好像被理发剪剪过一剪子一样：鱼钩细长的部分以上的毛全都给咬去了。齐刷刷的。某种吻。路易看上去睡着了。

最后，我摸出了铁丝，是九英寸长的二十磅测试线，外面还有涂层。再咬钩的时候，钢丝挺住了，我抬起渔竿，一场战斗就开始了。这是一只肌肉发达的钜蟹，跟阿诺·施瓦辛格似的。我们打斗了一阵子，但我赢了。路易就站在我身边，我将那三磅重的东西拖到了我原来站的那块石头上。（我必须注意，由于小时候看过丛林吉姆的动作片，因此我根本没有打算涉水取食人鱼。）"钳子。"他笑着说。

我将自己的钳子递给他。路易让我看尖尖的切齿，小心地抱着这条鱼让我看它镍银色的鱼腹、金色的咽喉、磨得闪亮的红金色鳃板，鳃板后面的黑条以及它的身体——看上去就跟长了双臂的刺盖太阳鱼一样。路易在重复他的“金属丝导线”课程，然后，根据营地规定将这条美物放跑了。

天色将晚。我们钓到第一条食人鱼后返程朝营地走去，准备吃晚饭。

我们坐在汽艇里朝下游开去，我取下帽子和大头巾，让丛林风凉爽一下我的身体，内心感觉极好，非常安宁的感觉。我实现了一个梦想，让一个男孩子的全部理想走完了一整圈，在五十年的时间里从食人鱼走向了食人鱼。我把一条能够吃掉人的鱼拖到岸上了。我终于有机会能够用这条在亚马逊丛林的深处钓到的大家伙盖过一些用干蝇钓鱼的人吹嘘的故事了。

我们的汽艇沿河飞驰，太阳挨近雨林的时候变成了暗红色，照亮成群飞翔的朱鹭，使它们看起来就跟白色的蜡烛一样映衬在绿色的巨大挂毯上。这是谈话的时候了。我希望自己的西班牙语能够讲得更流畅些。

夜色降临，我们经过河岸的一个印第安营地，我看到小男孩们在河岸鱼塘里钓鱼。他们蹲在光滑的棕色石头上，旁边有湍流经过，手中既没有渔竿也没有卷线轴。他们只是用手持的渔线和钩子往下扔，诱饵都系在一块小石头上。他们专心钓鱼，一阵阵地猛拉自己的鱼饵，一节一节地往上提，他们只是偶尔挥手致意。

我转头用自己结结巴巴的西班牙语问路易：“*¿Qual tipo de pez?*（什么样的鱼？）”

路易笑笑说：“*Los ninos el pez.*”

“孩子鱼？”我问。

“是啊，”路易回答说，“食人鱼。”

幽默

许多年前的一个初春，我带一位全职社会学教授一起去钓鱼。我是他带的研究生之一，所以想尽量接近他，好让他给我的学期论文打高分。他明白我这个意思，我也明白，因此这笔交易听起来不是很烂。

社会学家多半是些怪里怪气的人，他们是介于彬彬有礼的英国绅士与袖珍计算器之间的那种东西。史密斯博士是一个谨小慎微的人，喜欢爱尔兰粗花呢，上课穿衬衣，打领带；去比萨店也穿衬衣，打领带。如果我不提醒，他可能准备穿着衬衣扎着领带去钓鳟鱼的。

我们准备去钓鱼的那条河春水泛滥。我用膝盖折断一根白杨木，给自己做了一根拐杖。我建议这位博士先生也这么做。

“废话，”他脱口而出，“我可是涉水专家。”

“您请便。”我说，一边弯腰请他在前面走。

史密斯博士在我前面大步跨入急流之中，不出三步，他便滑入水面以下，只剩下一顶高地人用的羊毛帽顺流漂下，标志着他的失踪。他倒下的时候还想强撑住身姿，那个样子你可以想象出来，就是一位英国贵族在春潮急荡的虹鳟鱼之溪里沉下去的时候做出的体面姿态：不出声，很镇定，没有尖叫，也没有肢体的晃动，倒下去的时候发出的溅水声绝不超过麝鼠落水。

史密斯博士最后在下游一处水坑里冒出头来，而且还抓住了自己的帽子，这个时候，我抹掉眼角笑出的泪水，挥挥手问他水下有些什么东西。水下有没有值得尊敬的鳟鱼？那个水坑值得我们去抛几竿吗？根据所观察到的水族生命形式，他建议使用什么样的干蝇为好？

史密斯先生从溪流里爬出来，溪流之水也从他身上淌下来，他没有能够回答我的任何一个提问。反过来，他愤愤地瞪我一眼，那种眼光连钢铁都会冻住的。嘻，我心里在想，他难道就没有看过查理·卓别林的电影？

我们那天没有钓到多少鳟鱼，史密斯博士的心情一直也没有好起来。我生了一堆火来烤他的衣服，让他保持温暖，他还是没有笑起来。我猜你永远也不想带这样一种人出去钓鱼，他从来都不觉得自己也可以在查理·卓别林的电影里面当一个主角。

很久没有出去钓鱼的时候，一阵突然的风暴有可能会使你掉进湖里。开过六小时的车找到一条河后，你的鱼浮子会动十分钟，然后就一个月一动不动了。你跌倒的时候有可能把自己最喜爱的渔竿给折断，洗鲈鱼的时候有可能将大拇指划一个大口子。在码头上起锚的时候可能向后倒下去，一头撞在防水墙上，突然晕船晕到想死的程度，鱼钩勾住了一个朋友，或者一个朋友的鱼钩勾到了自己身上。这是钓鱼时出现的一错百错的喜剧，也是人生中的一错百错剧，了不起，无处不在，没完没了。如果你在这样的时候找不到开心，那你还能在哪里找到呢?

对一个渔翁来说，默默地忍受不快、痛苦甚至悲剧都是不够的，他必须慢慢养成喜欢这一切的习惯。毕竟，是喜剧使我们与蜉蝣类或鱼类分开的，也只有智慧才使我们与阴郁者有所区别。

没有笑声的钓鱼之旅可算不得是钓鱼。要达到这一步，必须要有某种开心的东西，最好是某种不好的事情发生才行，尤其是某种又不好但又令人好笑的事情发生，而且最好是发生在活该的人身上，喜欢抱怨的人最好。

但如果刚好找不到这种人，那么，某种不好的事情还是会发生的。在真正的垂钓者看来，诸如钓鱼新手错失大鱼的故事只是有一定趣味，但还达不到“喜剧”这样的标准。若想上升到喜剧的水平，那么至少也需要是“某垂钓者在垂死之际刷新世界纪录”这样的情节才能入得了眼了。

中年乐事之一是跑了一条大鱼而又没有发起脾气来。

存物者与扔东西的人

世上的人可大致分成两类，一类存物者，一类扔东西的人。钓鱼的人也是一样。存物者什么东西都想留着，他相信哪怕最没有用途的东西、最破的东西、从来都没有用过的东西，也有值得保存的价值。扔东西的人却说："这玩意儿我半年都没有用过了，又占地方，干脆扔了。"

不知怎么的，存物者与扔东西的人却容易在生活中相遇。他们还经常相爱。我做梦也不会想到如何理清这等怪事。

我父亲是一个钓鱼的人，也是存物者。我母亲是个不钓鱼的人，但她是个扔东西的人。他们的婚姻持续了一辈子。父亲去世时，母亲有很多东西要扔掉。她一直等了五十多年。

其他的东西不说，老妈扔掉了老爸所有的绑干蝇和做渔竿的东西，淡水与海水钩具，数十箱做诱饵的材料。这些宝物都扔给她的儿子和孙子了。我在自己家里拿到了属于自己的那一份。哪怕在今天，当我埋头在那一堆东西里面找渔线、鱼钩、漆器或别的某种东西时，都还会发现老爸手写的纸条，上面解释了那件东西购买的日期、价格，还解释了它本来的用途。美好的回忆如潮水般涌来。

我是个存物者，我妻子是个扔东西的人。安随便到哪个储藏室都会说："我们把这些破烂留着干什么？全扔了吧？"

安想扔东西的本能并没有将我也列在所扔之列——到目前为止。对此，本人心存感念。

对性格特性进行的很多研究证明，尽管人们都还是希望有所不同的，但是，他们最后还是开始的样子。因为这些特性在子宫里就已经塑造好了，特别是在生命的头五年里，人也就这样生长起来了。如果我们的生命足够长，最后都会成为赫什菲尔德讽刺画里面的人物，所有线条都在合适的地方加以夸大了。

存物者和扔东西的人从来都不会有变化，但他们的确会成熟起来。

因此我听到这么一个故事的时候并不奇怪。说是有个年纪大的钓鱼者，他把所有钓鱼工具都保留下来了，直到死的那一天。丧礼过后，他妻子和孩子们开始又伤心又高兴地盘查他保留下来的那些东西，他们当中喜欢扔东西的人打头阵。

他们在他的野外活动室找到了一张有好几格抽屉的书桌。最上层抽屉里有很多旧渔线，都缠在一本本廉价的浪漫小说上面。每个线轴上都有这样一些字，都是手写在连在渔线上的一个标牌上的：“要保存下来的渔线。”

在接下来的几格抽屉里，他们又找到一卷一卷的旧渔线，都仔细地缠在一本本廉价的浪漫小说上。每个线轴上都有这样一些字，都是手写在连在渔线上的一个标牌上的：“不必保存下来的渔线。”

太阳底下的渔翁

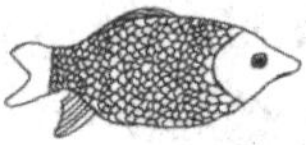

人人都想确切地得到什么东西，至少是想非常确切地得到什么东西。钓鱼的人也是一样。有些渔翁在假定应该很热闹的钓鱼变得很冷清的时候会变得死气沉沉。他们会抱怨说："我们一天都没有碰到鱼儿咬钩，你只好说上个星期把它们都钓光了。"

这些人就是太阳底下的渔翁。

钓鱼要靠运气。

钓鱼本来就应该是不确定的。

如果钓鱼不靠运气，那人们就该称其为捕鱼了。

钓鱼是一种形式的赌博，但不像玩彩票那样无聊。我有一些从事职业赌博的朋友告诉我说，买彩票的人才是真正容易受骗的傻子。任何保证支持学校和道路建设的室内操纵行为都需要很多傻子参与才能够继续下去。

挑选彩票号码是一种傻瓜行为，因为这并不要求具备任何知识、天赋、技能、实践、时间，什么都不需要——当然只需要人们具备孩子气的奇迹信仰就行。按钓鱼的行话说，一个傻子就是极容易上钩的一条鱼，因此这么做根本就不是什么体育活动，这也是很多把钱往彩票里扔的人被称呼为傻子的原因。

反过来，钓鱼却不是一种傻瓜的游戏，它更像是玩21点扑克牌游戏。你对娱乐场所（栖息地）、游戏规则（鱼）和胜算率（水、食物供应和天气状况）了解得越多，你赢的机会（钓到鱼）就越大。

如果钓鱼是赌博，至少那是一种智力赌博，运气只在其中起很小的、不太为人注意的作用，而且也只属于另外一个人。运气是这样一种原始的概念，我相信任何读完了小学的人都不会相信它，更不用说在上面打赌了。

要在钓鱼活动，或者在玩21点扑克牌游戏中获胜，你得具备两样东西：大脑和技术。你还得去玩一玩。你不能够仅仅靠思想就赢21点，你仅靠思想也无法钓到一条鱼，你得亲自去钓一回。

要知道自己是否赢了21点或者钓到一条鱼，是否爱上谁，是否在生意上成功了，或者自己想干的一番大事业是否成功，唯一的办法就是投下赌注，得参与进去。没有赌注，不直接去钓鱼，那就没有赢的机会。这就是人生的道理。

阳光下的钓鱼者希望得到确切的事物。

“你能肯定我们能够钓到鱼吗？”他们问。

“如果钓不到鱼，我就不想去了。”他们说。

“你如何知道我们不会浪费时间？”他们说。

诊断到位以后，我从来都不想浪费一分钟时间说服阳光下的钓鱼者去钓鱼。

我也从来没有两次邀一些阳光下的钓鱼者去钓鱼。如果他们想要确切的事情，他们应该留在家里看电视，玩彩票。至少他们可以看看结果如何。

为什么要去钓鱼

人们常问我为什么要去钓鱼？我说：“忍不住。”“我的童年不太正常。”有些孩子是喝牛奶吃饼干长大的，他们星期六早晨有卡通片可以看，还有垒球可以打。我是在干蝇和鳟鱼溪边长大的。这一切全都归功于我父亲，他是个用竹竿钓鱼的人，自己绑干蝇。有这样一位父亲真是一件幸事。

我喜欢所有种类的钓鱼法，但用干蝇钓鱼是很特别的一件事。如果快速列出钓鱼的种种好处，这里面就包括纯粹的欢乐、精神疗法、体育锻炼、精神再生、同志情谊，还有就着营火谈论渔竿、卷线轴、宗教、政治、天文学、地理、性生活、死亡和钓鱼。如果伙伴对路，哪怕普通的钓鱼也是一颗原矿珠宝，可以打磨成极有价值的一件宝物，这跟你可以装进思维的小口袋里面的一粒俄勒冈河玛瑙没有什么差别。这些理由还只能够算作开始。

用干蝇钓鱼的理由多且广，宽泛且深刻，每一个用干蝇钓鱼的人都有他自己的原因。我用干蝇钓了一生的鱼，下面就是我的原因。

一般来说，用干蝇钓鱼难得多，但是，在这样一个安逸和从容不迫的年龄，困难对我们好得多。逆境能够磨炼人的性情，而顺境则令人反复无常。

用干蝇钓鱼总比看起来的内容多得多，外表看起来很容易，其实则不然。因此，用干蝇钓鱼是对智力的挑战，既刺激又不容易得手，但它让人寄予厚望。

要想用干蝇钓得好，你必须想办法掌握其中的一点点秘诀，因为如果不努力，没有什么有价值的事情能够完成。

用干蝇钓鱼谈不上完全的掌握，哪怕最了不起的大师也不例外。因为事情既然是这样，而且用干蝇钓鱼的人之间是会相互交流经验和教训的，因此，它教人礼貌和亲善。

用干蝇钓鱼是美，是光，是奇妙，是优美，是所有美好事物的融合。在清澈的水中钓鱼就是在大自然的怀抱里稍事安歇。

用干蝇钓鱼，里面有一种恒定性，不管你走到哪里，都有这样一种恒定性让你重新返回来。不管你走了多少路，不管你去得多么远，钓鱼总在那里等着你，湍流中有鳟鱼等着你，睡莲叶下有青色的鲈鱼等着你，或者有北梭鱼从你面前平静的水面滑过，在阳光下留下一条明显的踪迹。在人生的旅途中，这样的忠诚是极少见的。

如果经常去钓鱼，不久之后，真正值得尊敬的人就开始回避你了。

钓鱼夫妻间的争吵

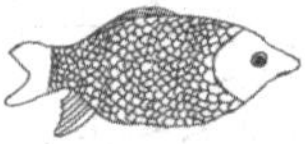

“你不会又开始了吧？”我在床上调整自己枕头的时候，安这么跟我说。

“当然会，我这把年纪的人也有某些需求的。”我说。

“可是，亲爱的，你每天晚上都得这么弄吗？”她问道。

“是啊，至少在我把一切事情想清楚之前。”我回答说。

然后，她也调整自己的枕头。安从我身边挪走了，她打开台灯。然后她说：“我希望有朝一日我们能够回到正常的婚姻生活，不管那种生活是什么样的。”

她尖锐的话令我受伤，也很烦。在我需要的时候，爱和理解也就是这么多了。

每一个已婚的钓鱼者，无论男女，他们都知道婚姻关系是非常沉重的负担，需要两个人才能够承担得起，有时候还需要一只小船。真正幸福的婚姻不仅仅需要一只小船，而且还需要有十六英尺长，并且带有五十马力的发动机，还需要一些浮筒。

关于新船的争吵在钓鱼的夫妻之间是常见的，婚姻咨询人都必须接受特别训练才能够了解如何处理这类事情。有位律师说：“令人不愉快的离婚都是二十英尺长的小船引起的。”为了一次性完全避开这个问题，我引述了一则广告，是从一份大报上剪下来的：“寻找爱孩子并拥有一条小船的女钓鱼人。请将小船照片寄至爱达荷州萨尔蒙市999邮政信箱。”我还看到一位女钓鱼人拿着同样的一篇广告。

最后算起来，我才只有四条小钓鱼船，这里面还不包括我的浮筒。每一条小船都有一种特别的完美用途，而且都说得通，而且绝对不会与你分享。每一个钓鱼爱好者都知道，四条钓鱼船根本不够用，但这是很好的一个起点。

对一个钓鱼的人来说，拥有一条钓鱼小船跟拥有一张飞毯差不多，这样的小船人们可以通过分期付款买下来。钓鱼船是一种带有灵气的女性化的东西，它带我们回到水中，而水是我们所有人所来的地方。小船从来都不只是一条小船，它是人类思想的奇迹，也是一件美好之物。

还是一个小孩子的时候，我就极想得到一些钓鱼船。我在许多年里都没有弄清楚渴望是什么意思，但是，我对钓鱼船的感觉是渴望，而不是喜欢。

渴望就是一个男人面对一个漂亮女人时感觉到的东西，也是他希望她能够对他所产生的感觉。如果真有爱，那也是可以稍微放后一点儿的东西。这跟钓鱼的男人和漂亮的钓鱼船是一样的道理。

不幸的是，渴望没有爱那么吸引人，其非有不可的强迫冲动力也更大。渴望使人为一条新船开出第一张支票，并且让爱来进行第一批支付。

最后，渴望不知道什么时候住嘴。

几分钟后我问安说："你还醒着吗？"

"是啊！"她咕噜着。

"我有个问题。"我说。

"什么问题？"

"你觉得我弄一台五十马力的发动机能够对付过去吗？"

稍微出现了一阵暂停。"我不知道，"她回答说，"你觉得自己来一次脑震荡能对付过去吗？"

爱使万物持久，但对一条新钓鱼船的渴望却使爱受到严峻的考验。

在这些事情和类似的一些事情上面，我从来都不明白安是如何宽容我的，这是我们两人之间的关系当中最令人费解的一些神秘事件，而且也不是我很想去仔细研究的东西。

一个钓鱼的人说他仅出门半天时，他指的是从上半夜开始的那十二个小时。

不便湖垂钓野趣

不便湖不是真名，只是指它的名声而已。当我有挑战难度的欲望，想主动给自己设置些比较难于克服的障碍时，我就往这里去。去不便湖的路上会有一些危险，而我们现代人时不时都需要一点小小的、不致命的担心才能够让血液保持流动，或者提醒自己我们仍然活着。

虽然去不便湖有些风险，还需要费些力气，但是，去那里钓鱼却不一定就是什么美差。所得回报不在鱼，而在于你的脉搏会跳得快一些。

不管从哪个方向开车走，去不便湖都是很长的一段路，而且大部分都是土路。到了湖边以后，会看到陡峭和垂直的大峡谷包围着那片水域，形成一个巨大的风洞。如果大风突然袭来，你会被吹进去，几分钟之内会沉下去，根本没有援救的可能。

不便湖边没有湖岸，没有家园，没有休息的地方，没有电话，没有营地，没有上厕所的地方，没有进出的道路，没有让小船下水的装置，没有鱼饵店。要到那个地方，你必须行走，或者划船，或者用四轮驱动。开车到那边必须得到许可，而大部分人都无法得到许可证。所有通往不便湖的路都有风险：行走的人会遇到响尾蛇和瀑布，划船的人会遇到底部装置损坏或者螺旋桨松脱的风险，而少数得到开车进去的许可证的人也会遇到狭窄的崖壁有崩块掉下来的风险。

有一次，我拿到了通过那条狭窄小路的许可证，那条路是现在的土地所有人的祖父在10世纪90年代用炸药从崖面上炸出来的。这条路比母牛的脸还要陡峭，仅仅比手推车道稍宽一点点。在这条路上开车，半边轮子必须悬在空中而另外一边的车门把手又必须在山上的石头上不停地摩擦。到了悬崖路中央的“狭窄”处，我父亲常常会做手势让我停下卡车。他说：“我是个老人，儿子。让我走下去吧。生命短促，一向如此。”

但是，我们每次都安全，进去出来都如此。我们有时候钓到纵梁一样长的太阳鱼，但不时也只钓到一些小鲈鱼。接着有一年，某个白痴在湖边留下一堆火没有熄掉，结果让土地所有人过冬的牲口在浓烟中乱窜。下次我去领许可证的时候，他说：“对不起，我知道不是你干的，但是，你知道有些人是什么德行。”

这样我就只好在不便湖泻出的一条小溪里钓了。那条小溪宽不过两桨，但水色看上去却如同深海。钓鱼的人在这里钓了许多年了，因此它成了公用水道。这条小溪蜿蜒经过湖南端的一片大草原，长达好几英里。除了少数几块特大巨石好像在冬天自己移动了一些距离以外，小船或者小汽艇还是可以在里面开动的，除非你开电动船的时候没有记性，这些大石头就会磨掉你的安全销。许多年以前，我给这条小溪重新取了个名字，叫作“双销溪”，因为如果你进出这个地方不想请人拉船的话，这就是你必须带上的最低数量的安全销了。

到了双销溪粗略的登陆处以后，找不到一个停车场。没有标记，没有垃圾桶，没有“当地钓鱼指南”标志牌，也没有政府制作的、用合适的英语写出来的防雨指南标牌，甚至都没有“通往不便湖”的方向标志。

去年夏天，我从湖里出来的时候，拥有双销溪两侧地块的那个人走到我跟前来了。他夏天的干草已经割了一半了，但他从割草机上走下来想跟我说话。他有个目的。

“你好，”他做了自我介绍，还伸出一只粗糙的农夫的手。哪怕他不认识我，但我以前几次来此地的时候已经认识他了。“你是哪里人？”

我跟他讲了。

"经常到这里来吗？"

"每年夏天来几次，谢谢你让我经过你的田地。"我说。

"这也是我想跟你谈谈的原因。"他说，"县上想买一条进出通道，并把这个地方打扮起来。你知道吧，修一些厕所和停车场。也许还让人来此野营。但有些人想保留这个地方蛮荒的原样。他们说我们不应该让人来开发这里。"

"这的确是个蛮荒的地方。"我说，回头张望湖和高崖。

"不过，只是大部分地方是蛮荒。"农夫说，"这是个容易破坏的地方，底部一把小火都有可能把山上的松林烧个干净。没有道路进来的话，你就只好让它烧了。"

我告诉他说我知道这个历史。

"我可以问你一个问题吗？"农夫问。

我点头。

"你觉得开发这个地方如何？县上想让人进出容易一点儿。也许想把小溪那边的大石头撬走。铺上一些路。一次只让少数一些人进来。你知道吧，比如在签字单上。"

"建厕所？"我问。

"是啊。还在岛上建火环。但这个主意让我有些烦。也许我只应该让他们白天露营。可是，你知道有些人的德行。"

"我知道有些人的德行。"我说。

"你觉得我应该怎么办呢？"农夫问，"你已经算是当地人了，投的票算数。"

我想了一会儿。这不是我的土地。甚至也不是我的问题，除了小小的钓鱼者的自私以外。双销溪已经是一条公用水道了，因此，哪怕这位农夫努力排斥，他还是不能够阻挡人们进出这里。但是……

“嗯？”农夫问。

“我说让他们滚蛋吧！”我说。

“不，那么？”

“不，”我说，“就这样。”

“所有的主意都不接受吗？哪怕厕所？”

我又点头：“但这只是我的意思。看来大自然已经把这里封锁得挺好了。”我有些自私，心想我还能去别的什么地方找到这么一个离家很近，又可以让我的心保持跳动，而且能够在我的生命当中留下一点点危险的地方呢？

农夫朝小溪那边看了看，也看了看还没有割过的草在风中舞动，又看看让不便湖隐藏在石头裂缝之中的高高的山崖。那已经是正午了，热气从石崖上蒸腾起来。他取下自己的草帽，擦着眉毛上的汗珠。“就让它保持现在这个样子，呃？”

“我是这么投的票。”我说。

“嗯，谢谢，”他说，重又戴上了帽子，“我妻子也是这么说的。她也钓鱼，她说你们钓鱼的人都会站在她一边的。”

我笑了笑：“嗯，我们钓鱼的人当中有些人会这么说。”

朋友间的小裂痕

他名叫杰依，是位医生，我因为他的智力和怪诞的幽默感而特别喜欢他。但有一年五月的一个下午，他做了一件我不喜欢的事，否则我们会成为终生的朋友。

我和杰依在一家州立精神病院的入院室里。如果不是有他在那边，在那些尚没有发明安定药品的日子里，工作几乎是可怕和难受的。但杰依让工作变成了好玩，甚至令人激动的事情。员工们都很喜欢他。护士们几乎愿意为他做任何事情。有一天早晨，一个患了精神病又喝得大醉的大个子伐木工人院，还打了一名工作人员，此时，杰依对护士长喊道：“把烤面包机打开！”然后他就咧嘴笑了。“等我弄完了，这个混蛋可能双手都摸不着屁股了。”杰依命令动用电休克机，但又不是用处方形式开的，从道德和伦理上讲都是不行的，但这一下子就使他成了英雄，员工都感激不尽。尽管我知道他做的事情不对，但不是这件事情结束了我们之间的友谊的。

杰依见我是新来的，因此尽量奉承我，让我感觉自己很特别，是大家当中的一员。我觉得我有希望，也对别人这么说。我开始觉得在他面前很特别了。杰依不懂钓鱼，但他想学，因为我能够在这些事情上面教教他，因此他让我觉得自己像个老师，而他只是个学生。

我们成了好朋友，甚至成了亲密的朋友。男人在生活当中并没有多少终生的男性朋友，因此，当一种潜在的朋友关系来到跟前时，我们会尽量使其成功。我当时二十九岁，刚开始学习如何判断人的性格。

因为钓鱼发生作用的方式不同，钓鱼的地方和方式也不同，也因为钓鱼能够检测自己的公平心、体育精神以及伦理和诚实水平，甚至是人的可靠性，因此钓鱼是一种实验，可用来研究人类的性格。如果你用心去学，还会得到一些教训，不仅仅是关于别人的，而且还是关系自身的。人在不同的情境下会有不同的表现，跟你一起钓鱼的人可能在办公室里是一种人，在医院里是一种人，在晚会上是一种人，但到了河边则是另外一种人。杰依也是如此。

虽然杰依从来不知道这一点，但他告诉我说，良好和有希望的人际关系不会因为一次争吵而告终，也不会因为两人之间产生了越来越大的裂痕就会完蛋，哪怕两个人都觉得自己离彼此越来越远了。我现在称这种现象为人类关系的大陆漂移说，杰依也帮我明白了这一点。

由于圣安德鲁斯断裂带西南的南加州位于跟西海岸不同的板块上，因此，它是向西北方向漂移的。北美其他部分是向东南方向漂移的。在大部分情况下，只有小小的摇晃和震撼以及几乎难以测量的地质变动表明南加州正在向西北方向移动，但是，这两大板块之间移动的方向上的不同却是不可否认的，也是无法阻止的。有一天，我所出生的洛杉矶会在旧金山的对面停下来，对此，没有任何人能够做点什么事情。

人类之间的相互关系也会形成断层线。有时候，两个人看上去就好像他们彼此很投缘，但事实上他们站在不同的板块上，这两个板块正在向不同的方向移动。有一天，会发生什么事情，然后就出现了断裂带。后来，地球再次抖动，裂痕加宽了。因为彼此之间的隔阂并没有解开，这两个人就开始朝向根本不同的方向移动了，彼此慢慢分开。经过一阵子后，漂移的分离效果就显现出来了，而且越来越清晰，双方都看得见。除非某种相当重大的事情做完了，或者有一位心理医生出现了，否则，这两个人的关系就会分隔开，有时候还会形成激烈的争论和痛苦的离婚，但有时候是通过沉默的方式予以解答，说明彼此的爱已经完结了。

人们之间的裂痕总是先从头部和心脏部位开始的，并不是从某个人离开家庭开始的。有时候，头部与心脏部位的分裂已经开始，但根本就没有人搬出去。他们生活在同一个屋顶下，住在同一间卧室里，但两个人的生活已经产生了空间上的默默飘移，在时间上也是彼此相隔，共存于一个不为所动的宇宙之中，他们再也走不到一起了，再也不能够产生深刻的爱。但是，两个人内心里都知道，其中一个去了北边，而另一个则向了南方，对此，没有任何人能够做任何事情予以更改。

在五月份一个极好的下午，我与杰依之间出现了相当严重的分歧。我们在一个极偏僻的小虹鳟鱼湖上钓鱼。那是靠走路才能够进去的一个小湖，我们彼此分开钓了好几个小时，然后，下午两点在卡车上碰头。

“你瞧瞧这些东西！”杰依沿着小路走过来，一边喘着气一边喜洋洋地说。

我看见他提着一只白蓝色相间的廉价的渔网，里面装满了鱼。的确是太多了。我一声不吭，看着杰依的眼睛。我知道他明白规定的，因为我告诉过他。

在杰依的眼中，我看不到内疚或抱歉的眼神，也没有感到或羞耻或关心或担心的意思，也不管我们的集体的利益会怎么样，假如我们会给渔猎处的人看到的话。在他的嘴唇上，是我那天早晨看见他用电休克那个伐木工的时候露出的同样的怪笑。

在我们大家脚底下最深层的地幔里，在支撑起人类相互关系的基础当中，总会有某种东西产生移动。所产生的震颤如此之轻，我觉得也许自己是唯一感受到这一震动的人。但突然间，两个人之间产生了一种很小但不可否认的真实的隔膜。杰依向北移去，我开始向南，这里没有任何东西是一个人可以予以扭转的。

一年之后，杰依离开了医院，并且飘移走了。我再也没有见到过他，也没有试图去联系他。

隐士

有一个老人，他就住在离我家不远的一片偏僻的小湖边，而且是住在一间偏僻的小屋子里。湖周围的乡村很干燥，很冷漠。住在湖边小屋中的老人也很干燥，很冷漠。有谣传说，这位老人是一个很不错的钓鱼人，但是，他这一辈子，曾经由于跟别人关系交恶而受到深深的伤害，继而对周围的人产生极强的厌恶感，自此远离人类社会，离群独居。他们称他为“隐士”。

老人的小屋跟前的小海湾是很好的一个鲶鱼洞。我曾坐船在那个海湾里钓过几个小时，但没有任何动静。鲶鱼有可能是这样的。

那位老人曾两次从那个小屋里走出来望着我。他不说话，因此我也不说话。尽管我摘下帽子向他致敬，但他却因为这个动作又跑回到屋子里面去了。海湾和湖并不是他的财产，但是，他让你感觉到你是在踏入他人禁地。

我最后放弃在那里钓鱼。我收起线来，伸手去摸锚绳，那位老人却突然之间出现在他那摇摇晃晃的前廊下。他一手叉在腰上，另一手搭着凉棚大叫说：“有鱼咬钩没有？”

“没有，”我回头喊，“什么也没有钓到。”

“我眼睛没有瞎。”那位老人说，“你用的什么东西？”

“虫子。”我解释说，希望他有可能提供一些存储起来的智慧，看看到底如何才能够在那个海湾里钓到鲶鱼。

“怪不得！”他大声喊起来，一边摇着他的头，一边很快转身，回到他的屋子里面去了。跟鲶鱼一样，他叮我刺我一下就跑了。

生活当中最严重的伤害并不会留下可见的伤疤。

钓鱼时，幸运之神总会站在用了合适干蝇的钓鱼人那一边。

美好而别样的旅程

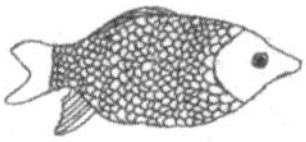

我们以前从来都没有这么干过。为了鳟鱼顺流而下，是时候了，我的里程表上已经写下了五十码，已经过了时间。跟酒吧的那个人说的一样：“你不停地做下去，会不停地得到想要的东西。”我感觉到脚下已经有车辙印了，因此觉得需要另外选一个旅途。

“到时候了，”我告诉那小伙子，“我们明天就去。我们第一天要顺流而下，然后开车去凯莉谷，天黑之后再钓。”

“人到五十岁会让你觉得烦心吗？”

“有点，但不过分。”我说。

“这不是有点冒险吗？我们以前从来都没有顺着那条河漂过。”

“我们以前没有顺着任何一条河漂过。”我说。然后，我想起某个地方的一句话，因此补充说，“只把死了没做也没关系的事留到明天。”

“嗯，”那小伙子说，“人到五十岁是不是会让你想到一些哲学上的事情？”

“帮我装船吧。”

这男孩子差不多就是我的儿子，叫布莱恩，是纽约尼克队的小前卫。他只有夏天才有空，因此，冰雪刚刚融化，他就急着要去钓鱼了。他去阿拉斯加钓了两个星期的鱼，刚刚回来，但他现在又急着去钓鱼了。我们把长长的河桨、渔竿、背心、涉水皮具等装好，又在冷藏器里面装好鹿排和新鲜水果。经过通往蒙大拿州西边的克拉克福克的山口以后，才三个小时就到了鳟鱼垂钓地，当时是下午。

我一直希望有机会横跨一条河。我的意思是说在没有成人监督的情况下。有一年秋天，我和这个儿子一起乘筏子过萨尔蒙河抓欧石鸟和虹鳟，但我们请了负责的导游来帮助我们。这一次就不同了，我们是自己来的。

我们顺着河坡一直向下进入克拉克福克河谷，此时，布莱恩问：“天黑之前我们能够漂多远？”

“足够远。”我说，“我们应该把它当作一次冒险旅行。”

我们并没有事先安排计划，也不知道到底会漂多远，更不知道怎么样从结束的地方回到起点，一切都是匆匆忙忙地进行。虽然不是那么匆忙，但终归还是算匆忙。但是，因为高速公路跟河流是齐头并进的，也因为刘易斯和克拉克给这条河流画了图，因此也不太可能会迷路，也不可能再也见不着家了。

加油站的一个小伙子给我们指路，说在圣莱吉斯城附近有个地方可以靠岸，那是进入北爱达荷州狭长地带银色的乡间途中必经的一个小停靠地。已经漂到这么远的地方了，克拉克福克河水流迅疾，河水很深，河面宽广，水呈绿色，很容易想到大如足球的鳟鱼。

我将船稳住，然后对布莱恩说："让我这老人稍稍休息一下——你先拿着桨吧。"

"那当然，"他说，"悉听尊便。"我们又出发了。河流带着很大的吸力无可抗拒地拉动我们。这样的感觉让人血往上冲。我们打着转冲过拦在河中央的巨大的水泥柱，我随意在桩后抛了几竿。什么反应也没有。

布莱恩是个专业运动员，他轻易就将船掉转了头，让我们在激流中找到较好的钓鱼位置。我们很快来到一个古老的暗礁处，并朝着岸边冲过去。我松下漏斗。唰唰，战斗开始了。

这是很强壮的一条鱼，是一条鳟鱼，也是一个善跑者。它极有灵气，它下潜、跳跃、上冲、挣扎，极值得人尊敬。这让这条鱼精疲力竭，然后被拖到跟前来，就在水底下测量了一下——我的手掌长距为九英寸，从尾到头需要两次才量完。我轻轻摘掉干蝇，将这礼物放了生，对布莱恩吹嘘说有十八英寸长。

“没有吧，”他说，“十六寸。”

“十八寸。我的掌距有这么长。”

“好吧，我想您年纪也大到了不至于为一条鱼而撒谎的程度。”

“谢谢，”我说，“我需要听这句话。”在我的坚持下，我们换了一个边，由我接着划。布莱恩意思是让我再钓一条鳟鱼，但是，毕竟他很快要回纽约，夏天结束之前最好多留下一些美好记忆。

钓鱼的故事通常会没完没了，总体来说是跑了的鱼大。不一定总是这样。真实情况是，有时候你不会抓到一条鱼——不管那个时刻多么重要，不管准备得如何充分，也不管你具备多少钓鱼知识，也无法预料会发生什么的事情。这也就是钓鱼人要去钓鱼的原因。

但这没关系。我们明天还会去钓。另外，我经常觉得，也许最好的回忆是你第一次做某种碰运气，而且还有点疯狂的事情。看起来是这个样子的。这条河带着我们去到以前从来没有去过的地方，因此，我们钓到鳟鱼只是偶然。

经过一阵子后，我们面前的这条河就在一处岛屿处分叉了，就好像在问：“你们要去哪边？”我们选择了右边，但这样选择并没有别的更秘密的意义，因为我们一直都在向右走。

我们顺着一个瀑布滑下去，来到了看来是当天最好的一片钓鳟鱼的地方。我划过去，将船拖上了岸。

布莱恩说："我们为什么不划回去，这样我们两边都可以去看看？"我说好吧，然后他划着小船过去了。

但是，虽然那边的水不错，但几乎是死水。至少在我们看来是如此。我钓起一些小鱼，想钓的东西连影子都没看到，欲望被一点点浇灭。布莱恩的运气也好不到哪里去。一群白色的牲口在我们头顶上绿草茵茵的斜坡上吃草，我们可以听到源源不断的抽水机的声音，那是它在抽动河水浇灌最后的一片紫花苜蓿。在东边，蒙大拿州钴蓝色的天空开始暗淡下来，天已经要黑了，不管那些大鳟鱼要干什么，它们要么现在就干，否则我们大家就都没有戏了：白天、鱼、渔翁。

最后，我对着河面大喊："我们尽量减少一点儿损失怎么样？"我看到他点头，因此很快划回去，直向岸边。然后，我们顺着河水向下，寻找高速公路和外卖店。这个时候，我听到了激流声，眼睛看不见，但还是听得见的。

我年龄太大了，不至于无谓地淹死，我至少问过加油站的那个小伙子关于湍流之事。"没有什么好担心的。"他说。但是，当我看到激流和浪花接近的时候，突然间想起来十七岁那年的一件事情。我自己本身就没什么判断能力，也不想承担什么责任，因此我对布莱恩说："还想划吗？"

“不，”他说，“别让我们两个人泡水吧。”

“那你检查一下你的救生衣。”我以前从来没有负责过冲激流的事情。但是，我记得钓鱼导游以前做的事情，船冲向激流的时候，我在船上站起身来，紧紧抓住八英尺长的船桨，然后从桨窝中把船桨取了出来，这就使得我们毫无力量，没有舵把，也完全无助了。船的速度越来越快，我们冲向了一排锯齿形的巨石。上帝保佑布莱恩，他还在那里抛竿钓鱼。

我假定不可能会有真正的危险，因此在单桨的帮助下我想办法保持两个人的安全。但有一阵子，我突然感觉到了某种又刺激又危险的东西，甚至是致命的东西，这使我感觉年轻多了。至少有一点点愚蠢。或者两者都有吧。我不知道是哪一种，也不知道这有什么关系，不管是哪一种，它让人感觉起来都还不错，我为自己感到自豪。

船速增加并没有持续多长时间，河流冲刷着我们，最后从一个狭窄处进入了长长的平静的水湾。我们一直漂到了下一个河湾处，再也见不到河流与公路齐头并进的样子了。虽然我们的船行速度不慢，但是，我们的速度还是没有黑夜降临的速度快。布莱恩想带我们快点回家，因此接过桨。

在慢慢变黑的河面上，一对水鸭子在飞快地游动，它们在寻找一处旋涡准备过夜。我说：“真是有点怪怪的。太美了，但很怪。我们要是赶不上车怎么办？”

“别担心，”布莱恩说，他用平稳和有分寸的节奏划着船，“我们只需要找到高速公路就成了。”

我们的确也找到了。就在接下来的河湾处。我们上了岸，装起渔竿，收拾好行装，抓住船边将船拖上了一个陡坡，经过了一处有麦子的田野，并且沿着路上的车辙一直走到了一处收费站。在这条黑黑和空荡荡的高速路上花了相对较短的一段时间。

“我们要问几辆车才能找到愿意捎带我们的人？”我大口喘着气，擦掉头上的汗珠子。“一辆。”布莱恩说。

“一辆？！天已经黑了。我打赌需要问十辆。我是知道人性的。”

“一辆。我了解蒙大拿人。”

我输了。不到五分钟后，一辆小尺寸的卡车独自顺着河谷开了过来，大灯闪得极耀眼。它飕飕地开了过去，但很快又刹车倒了回来。

“钓到鱼没有？”一位戴着垒球帽的白皙的年轻人满脸堆笑地问。他有杆大口径和带标尺的步枪挂在身后的枪架上。

“没有多少。”我们说。

他又笑。“我也没有打到熊。我们把那条船扔到车后吧。”他说，“带你们一程。”

的确。

车太小，里面坐不下三个人，我输掉了关于人性的赌注，因此主动要到后面去跟船和工具箱待在一起。我取下帽子以免被风吹跑，并解开衬衣躺了下来。车在天空底下疾驰，我在车后望着那繁星点缀的浩如烟海的蒙大拿的夜空。温暖的夜风从车上扫过，使我的皮肤产生凉爽的感觉。这真是一趟极美的旅行。是一次美好和别样旅行的完美结局。

闲暇时光钓鱼

“你去哪里了？！”

“钓鱼。”

“不，我的意思是说你去什么地方了？人们整天都在打电话找你！”

“钓鱼……你知道的，钓鳟鱼。”

“你知道今天是什么日子吗？”

“当然知道，今天是星期一。我明天去上班。”

“我的天，你有麻烦了！”安说，难以置信地摇着头，“你错过了所有的会议和约见。人们一整天都在打电话。我也正准备给搜救队打电话呢。你不知道今天星期二？”

“不，”我说，“不可能是星期二。如果是星期二，我一定去上班了。今天是星期一。”

“一百美元赌今天是星期二。”

我盯着那双玉绿色的眼睛，我对它们如此了解。

“打赌！”她盯着我说，一边伸过手来。

“把今天的报纸拿给我看。”

“先交钱！”

我曾为一头名叫闪电的马输过一百元钱，感觉不太好。输给安一百元也不好玩，但是，至少还有一个不大可能的机会使她花掉这笔钱，一方面我的生日到了，另一方面，圣诞节眼看也到了。她还有可能给我买一块手表，好让我知道每天是什么日子，不过，闲暇时钓鱼我很有可能不去看它。

闲暇时光不像正常的时候。在闲暇时光，手表并不能够起作用。时和分几乎不在话下。只有天色渐暗和饥饿才会告诉你一天行将结束。在闲暇时光，你有可能做时间的旅行。有时候，你会走在时间的前面，有时候会落在时间的后面。有时候你就在原地不动，径自抛竿，让时间之箭径自飞逝。

在文明的中央，人不可能再去闲暇时节里旅行了。计时的器具会阻挡你，报纸会阻挡你。时间在无线电和电视里面呼唤着你，不会让你随意进行时间旅行。如果你在工作中打卡进出，你知道时间已经钉牢了你。如果一本约见本等在你身边，那你也会遇到同样的情况。把半年的时间排得满满的工作计划表就跟抬起一块板子较重的一头一样，你可以在自己的下腰处感觉到它。我们当中有谁不是时时守着自己的手表确保时间不要溜走?

我在闲暇时光中错过了一天的时间，因此就时间问题做了一点小小的研究工作，发现我们对时间已经成瘾了。我们的眼球盯住安装在很多东西上面的数字式时钟，从录像机到微波炉再到仪表盘。美国人仅在1993年一年便购买了四千七百万个时钟，每个家庭平均拥有六个时钟。自时钟发明以来的不到三百年间，我们已经把时间划分得极其细致了，美国人最常见的口头禅就是：“我没有足够的时间。”哪怕在浪琴表的表面上也找不到安慰。

计算机以纳秒的速度跟踪我们的生活。纳秒是一秒的十亿分之一。如果你的生活被分割成了十亿分之一，那就很难不在意地闲过一段时光。我觉得，发明了纳秒概念的那位科学家一定有很多问题需要去解释。

原始的钓鱼人并没有纳秒概念，更不用说什么时钟了。时间的旅行是非常容易的。他有月亮，有一天的长度，有春潮，有第一条鲑鱼回到营地下面的湍流中，有大雁南来北往。在大自然的时钟之内，你尽可以随意漫游。你现在仍然可以这样，但你首先得学会不要带着时钟去钓鱼。

要进入闲暇时光，人们必须使自己的焦点更专注一些，更集中一些，而且不要分心。到了该加速、减速或者原地不动的时候，你必须排除所有外在的干扰因素：嘀嗒作响的时钟、电视特别节目、报纸、鸣钟、火车，还有发出各种各样的警告声的鸣响器具。

思维无意识地根据时间周围发生的事件来跟踪时间，活动越多，思维的感官通过的时间就越长，在曼哈顿这种地方，你待上几个小时就好像过了好多年一样。

在这样的钓鱼活动的某个时候，我跟钓鱼伙伴龙恩漫步到了闲暇时光。进入这个时光以后，我们进行了很多时间的旅行活动。我觉得我们是在蒙大拿的一条大河的一个洞里进入的。跟在深层太空里吸纳时间的黑洞一样，鳟鱼河也有很多洞。河越宽，越大，里面的洞就越多。

当你踏入这样一个洞，在这样一个闲暇时光里面开始时间旅行的时候，你并不是每次都知道的，但是，等你出来的时候你就会明白。你看着自己的表，然后说："哇！时间到哪里去了？"

在闲暇时光中钓过几天的鱼，宿过几天的营之后，龙恩说："我们为何不开车进城找个地方吃晚饭？我可以吃一块饼。"

"当然，"我说，"为什么不呢？"

因此我们开车出山，来到一座小城镇。那是很小很小的一座城镇，从一条大街到另一条大街只需要几分钟的时间。较大的一片地方有一处加油站、一个小餐馆和酒吧，还有一家杂货店，请它开门它才开门。那个小城也在一个洞里面，很深的一个洞，能够拿到的大部分报纸都至少是一个星期以前的。

“这是你们这里最新的报纸吗？”我问服务员。

“晚一个星期挺好。”她说，根本就没有道歉的意思，“各位的牛排要番茄酱吗？”

当时，我并没有感觉到失去了方向，也不担心我们在一个洞里已经钓了太长时间的鱼，以至于会从这个星期退回到上个星期。毕竟，人们到野外去钓鱼就是为了远离像报纸，哪怕是旧报纸一类的东西的。吃过饼以后，我们扔下一大把小费，然后直奔回营的路。

我不能肯定我们是在什么地方错过了一天的。但过后仔细一想，星期六晚上有可能是星期天晚上。在星期六晚上，在七十五英里之外的唯一的酒吧里，应该有更多的牛仔和伐木工人对着桃花心木的酒桶喝光了口袋里的钱，也应该有更大的噪声，也许还有赤手肉搏。因此，我们一定是在那个星期较早的时候错过了一天的。

钓鱼的飞轮需要一点儿努力，也需要经过一些练习之后才能用得好，但是，经过头几天之后，事情开始容易一些了，到最后你只需要在早晨睁开眼睛，下床、下河就行了。然后，一切就开始了。

最后，有一天晚上，龙恩说：“我们的食物不太多了。也许我们应该考虑一下回家的事情了。”

我准备好了。早间的活动完成以后，我们就出发了。

“我有麻烦了，嗯？”我一边写一百元的支票，一边问那位绿眼的女士。

安将支票折成整整齐齐的两半，藏好，然后递给我一块记事板。“这里是一些等着今天接电话的人。”然后，她笑了起来，“并不是说我很在意这件事，但是，你能不能再次告诉我你如何能够因为钓鱼而错过一整天的时间？”

我狂乱地搜索，希望能够找到一个机智的回答。我假装仔细研究那个日程表。“也许我没有错过一天，亲爱的。”我最后反驳道，“也许我是找到了一天。”

我认识一位老人，他每年春天都威胁着要去钓鱼。在十五年的时间里，他一直都在重复使用这个威胁。他一生气就说：

“我的老天，我今年春天一定要去湿一根渔线！谁也别想拦住我！”

但总有事情拦住他。

他死的时候渔线还是干的。

抛竿课

谈到抛渔竿，我可谈不上什么专家。但是，我一直在努力做得更好。我觉得，有太多的钓鱼者以为，如果你钓鱼时间长了，抛竿一定是轻而易举的事情。其实不然。任何漂亮的事物都不会轻而易举地得到，哪怕看上去如此。

多年以前我与一位著名的水彩画家保持了一段时间的通信联系。有人要他画一幅插图，插在我为一家全国性杂志写的文章里面。他画了一幅极漂亮的画。他根本没有见过我，也没有见过我儿子，但他捕捉到了那个场景，还有我们，极其完美，甚至包括山中空地，一群麋鹿，我们头发的颜色，我们面部的剪影，还有其他的一切。他从文字上看出了一个场景，这种能力令我肃然起敬，因此，我给他打了电话，表示我的感激和祝贺。

我们聊了起来。他邀我过去。他是位年轻的绅士，对现代化的电话明显不习惯，因此他以为我就住在附近。我们实际上隔着一个大陆。“真糟糕，”他说，“我刚刚沏好一壶新茶。”

因为好奇，我问他花了多长的时间画出了我们所说的那幅画。

“啊，”他说，“约十五分钟。”

我知道一些画廊给他的作品标的价：任何一件作品都不少于五千美元，一般是两万美元以上。我为那篇故事花费了很长很长的时间，因此我当时就感叹道：“哇……”

“我可以把原件给你。”他说，“你可以花五百美元拿走，对好的作家我常常会这么做。我喜欢你的作品。”

我结结巴巴地答道：“那好。”然后就伸手摸支票本。

“你知道我们水彩画家工作起来速度很快的，”他继续说，“水彩画起来很快就干了。关键在于必须要有很好的创意，比如你作品当中提供的那种。有了这个，只需要准备好作画就行。”然后他大笑，“当然，做好这种准备需要五十年时间。”

抛渔竿也是如此。

我年轻的时候，以为用假蝇钓上一条野鱼可能比恋爱还要快乐；现在我年纪大了，完全可以肯定这一点。

日记一则：爱达荷州塞尔韦河

通往塞尔韦河的道路可真是崎岖不平，特别难走，全都是伐木采运作业导致的。成群结队的卡车从山中倾巢而出，在转弯处紧急刹车，巨大的轮胎猛力弹跳，将沙砾路砸得跟搓衣板似的。可这没有关系，所谓因祸得福。否则就只好铺沥青路，而沥青路就意味着人潮如织。

今天下了雨。下了一整天。可这也没有关系。大雨倾盆令蚊蚋藏匿，也把许多人堵在家里。

今天早晨一直开到大路的尽头。河水猛涨，一直涨到杂草丛中。除了逮麋鹿的人以外，没有多少人会一直摸到这条大路的尽头。

雨水飘落，天空一片灰暗，透过层层水雾朝上游看去，可以看到悬在暗灰色常青灌木上方的雾霭，灌木丛自山上爬下，一直到河岸为止。如果暂时忘掉停车场、露营地、垃圾箱、大路、高速公路、城市和下游数十亿挤挤撞撞的人群，人们就能够返璞归真，回到原时原地，回到所有河流都跟这一条河一样苍凉而又令人惊奇的时代。

踏足涉入塞尔韦河垂钓就跟踏入过往岁月的感受一样。我看到原初状态下的荒野，我感受到河流在我的腿上涌动，我在雨中闻到河流的气息，我在湍流声中听到质朴，我的双手触摸着原初状态下的清纯。

曾几何时，一切的真本就是现在的这个样子。

我双膝浸在河水里，投竿之前就这么默立许久，不知道是应该为尚存人间的些许自然气息而放声喊出心底的愉悦，还是应该为已经永久失去本真的天地洪荒而哭泣。

因此我又哭又笑。

然后我擦干眼泪，将渔线卷回来一点儿，投入河中。

旅行钓鱼

在家千日好，出门一时难。异国他乡非休养生息之所。入乡随俗方能游刃有余。

——克利夫顿·法迪曼

几年以前，一位喜欢钓鱼的老编辑和挚友打电话问我，是否愿意考虑一下写几篇有关旅行钓鱼心理学方面的文章。我当时表示对他的建议会考虑。如果他的要求是连同支票的事情一起提出来的，我肯定对那个建议给予了多得多的考虑。但是，事情不是那样的，所以，这里只是对旅行钓鱼心理学问题一般性的思考。

出远门钓鱼之前，人们会问：“该带些什么东西呢？”

这个问题问得不对。

正确的问法应该是：“我应该把什么东西扔在后面？”

太多出门旅行的美国人竭尽全力把整个美国都带在身上。这就要求有一只超大型背包，不是用来装你的工具，而是用来炫耀自己的国籍的。合适的垂钓用具肯定是应该带上的，别的一切都应该留在家里。你扔在家里的东西越多，旅行就越轻松，你对世界其他地方的生活了解就越多，你甚至还有可能因此而更了解自身。

下面这些是应该扔在家里的美国杂物：

你守时的需要；

你感觉高人一等的需要；

你确立目标并控制结果的需要；

你为了找乐子而付出太多努力的习惯；

你思考钱的习惯；

你希望给陌生人留下好印象的需要；

你希望抓到第一条鱼、最多和最大的鱼的需要；

你的饮食习惯；

你对快速服务的预期；

你的电视指南和遥控器。

下面是你可以考虑带上的东西：

好奇心；
冒险心；
垂钓者道德规范；
体育道德感；
向陌生人学习的意愿；
对自然的热爱；
极多付小费的零钱；
给当地人和钓鱼导游的专业物品；
可以和大家分享的关于美国的一两个小故事；
幽默感。

从垂钓地远道而归之后，你还可以再次捡起自己的民族自豪感，可以拥抱自己的小狗，而且明白多萝西这样说的时候是什么意思：“啊，图托，千好万好不如家里好！”

旁观者的运气

这天，我的好朋友塔德·哈斯比轻快地来到我的办公室大吹特吹，说他七岁的儿子布里恩（上个星期天才开始摸渔竿）钓到一只六磅重的大嘴鲈鱼，还将它弄上了岸。

“是从比得湖里钓起来的吗？”（你用一只手都数得完比得湖里的鲈鱼。）

“可不是嘛。”塔德说。

“他本来是想钓鲦鱼①的吗？”

①：鲦鱼是常用作钓饵的一种淡水小鱼。

“是啊，可……”

“用鲑鱼籽钓？”

塔德只好罢休：“你怎么猜到的？”

“我没有猜。”我说，“能够从比得湖钓起那么大一条鲈鱼来的唯一的人，是像布里恩这么大的一个本来不是为了钓鱼的小孩子，而且还必须在一天错误的时辰使用错误的渔具在错误的地点钓。而且，当然，如果他本来不是要去钓鱼，那是很有益处的。”

塔德终于靠在我的办公桌上泄了气。“真是离奇的一件事！他本来是想去看足球赛的！”塔德摇摇头，跌跌撞撞地走出我的办公室，他跟平时一样感到惊异，不知道我从哪里得到这种未卜先知的怪才，编的一个钓鱼故事还没有讲我就知道了。

而像塔德这样的一些人总让我吓一大跳，他们都是一些去过几次鱼塘的人。一般来说，人们总以为他们到目前为止应该具备一些基本的钓鱼知识了。例如人们会想，他们应该非常熟悉钓鱼的人经常碰到的不同运气。为一些读者重温旧事的需要，我在这里再提一下这样的运气分类：好运气、运气一般、运气不好、运气极坏、倒霉透顶、初学者的运气、老手的运气（我一般属于这一类），当然还有旁观者的运气。

塔德的孩子之所以能够钓到这样一条可爱的鲈鱼，道理非常简单：他碰到两种最好的运气，初学者的运气和旁观者的运气。顺便说一下，这是人类已知的最有威力的运气组合，如果你碰巧靠近了这两种运气，而这两种运气也正好就要重合，你最好赶紧集合一支摄影队伍。

人人都知道初学者的运气：这种运气持续约一年时间，它使初学者相信，钓鱼是如此容易的一件事，然后，当他或她正要学会如何吹嘘的时候，该死！运气跑了，再也不回来。垂钓老手明白这个道理，当初学者钓到一条极难得的鱼种时，他从来都不会抱怨。（他有可能哀叹几声，但你不会听到他抱怨。）

旁观者的运气是一种别的东西。为防读者万一不明白旁观者的运气是什么，我们在这里讲讲这个现象。

旁观者通常是闲得没事的看客，吊儿郎当的人，他本人不钓鱼，或者不是特别喜欢钓鱼，但是，事有凑巧，碰到有人非塞给他一根渔竿，他也就只好拿着一起去，不知怎么着慢慢就涉足随便哪片水中，然后钓起那片水中有史以来最好的一条鱼。如果五十公顷大的一片水域里一整天都没有一条鱼咬过钩，你基本可以预想到一个旁观者甩一根没有诱饵的渔线到水里，然后钓起一条鱼，一般来说还是一抛下去就咬了钩。

几乎没有哪位活着的垂钓者能够容忍一名钓到大鱼的旁观者。如果看到旁观者从自己最喜欢的那片水域里钓起一条战利品，垂钓老手的典型反应是一个微笑，说几句恭喜的话，然后悄悄走开，闷头乱走，想寻一块钝一点儿的石头给自己的脑袋来那么一下。

但有时候，运气特好的旁观者也会碰到最后倒大霉的时候。“我的老天爷呀！”有个家伙这么大叫一声，那是一天早晨，我们一行五六个经验丰富的垂钓者挤在一处，欣赏他刚刚从斯内克河钓起来的一条重达二十四磅的母虹鳟。“我这可是第一次钓鱼啊。我本来是个打高尔夫球的人。真没有料到钓虹鳟是这么简单的一件事情！”

我一边吼叫，一边用吓死人的口气威胁别人，终于渔竿赶跑了想滥施私刑的那群暴徒，并护送那名年轻人安全地坐到了他的车内。“听我的话，”我说，“赶快离开这里。那几个人有的两年都没有邂逅一回了。”

“什么叫邂逅？”他睁大天真无邪的眼睛问。

我本人当年都已经到那条河里去过二十七趟了，一次都没有碰上好运气，因此产生了鲁莽一回的强烈冲动。但是，我很明白旁观者的运气，而且一向都有无可挑剔的自制力，因此尽自己的最大努力对那个年轻人做点力所能及的事情——但是，在我的双手卡住他的喉头之前，他已经溜掉了。不过，我还是花时间去看了自己的心理医生，并回头确保自己在那块大石头上的位置——别的人正在将自己的脑袋往上狠撞。

我第一次遇到旁观者运气现象还是自己小的时候，但到现在我还记得很清楚。那件事情的受益人是我哥哥约翰，当时，我与他还保持着温情和相互爱护的兄弟关系——当然你得忽略我不时生出想办法来弄死他的冲动。约翰个子比我高，身体更强壮，比我长得丑，公平打斗时他可以轻易取胜。但他总有出毛病的时候。例如星期六早晨他宁可去看罗依·罗杰斯出演的电影也不去河边钓鱼，这使我觉得他是个病得不轻的怪男孩，而且预后也不太好。

“我们去钓鱼吧。”有个天气晴朗的夏日早晨我说。

“不去，我们去看电影吧。”

“妈！”我大叫，“快来量量约翰的体温！”

由于家里的规定是我们两个人都不得单独去河边，因此我得想办法让约翰一起去河边钓鱼。敲诈是最好的办法，但那天早晨我手头上并没有掌握极不利于他的罪证，最后迫不得已只好公然用五十美分行贿。因为约翰，我从来都没有存够钱去买自己的自行车，结果成了邻里当中唯一一个踩着弹簧单高跷上中学的男孩。

在艾奥瓦州的那个早晨，我们带着渔竿、蚯蚓、苹果和满心的希望沉甸甸地出发了。由于约翰一开始就不想去钓鱼，因此我扛起了所有的负重。到达我们最喜欢的回水地域以后，我们立即就让浮子跳起舞来。

“唉呀呀，”二十分钟后，约翰叫唤起来，“这可真是无聊。我们本应该去看电影的。（百分之九十九的旁观者都是这样一边往回拉鱼，一边说这类话的。）我要去下游找山洞和箭头玩。”

我挥挥手让他走，自己专心钓鱼。按照当时的速度，我猜想布恩河这一段的所有鲶鱼将在午饭前被我全部钓完。

半个小时后，约翰沿河岸狂奔而回。“我的老天！”他呼哧呼哧地说，“我刚看到一条鬼鱼。快来！”

我们快速冲过去，约翰边跑边将柳条拨得呼啦啦的，好让它们抽到我脸上——他干这个一向很在行——然后我们就到了他看见那条大鱼的地方。

“就这儿，”约翰说，他用自己的渔竿指着一个地方，“我看到它的影子了。”

我们很快将阿尔伯特王子牌蚯蚓罐里最先冒出表面的两条蚯蚓穿上，然后投入激流之中，让它们与水流一起漂动，上面也漂，下面也沉，还在一块巨石下面扔过。什么也没有发生。

约翰甩了三竿，然后就放弃了。他慢慢走到下游的一个沙坝那边去，将虫子甩到浅水里，在沙地上撑起渔竿，然后趴下躺在沙坝上，只留下我这个真正地道的垂钓者一个人在那里钓那条鬼鱼。

我刚刚专心钓了几分钟就听到约翰呼喊起来，然后看见他朝下猛冲，直奔自己的渔竿。他拼尽力气猛地向上一拉——在那里慢慢啃他的蚯蚓的那条鲢鱼竟然飞出水面，直奔河岸方向，但只到了离岸边一半的地方。我哧哧大笑，正在想办法编个笑话嘲弄他一番，结果发现他的渔竿卷起来了。

“上钩了！我逮住它了！”他卷线轴上的手柄开始发出呜呜叫声，然后砰地飞出渔竿外，一直飞到空中去了。他的渔线开始朝下游漂去。约翰已经蹲坐在地上，将他的渔竿插在沙地里。“它要将我拖进水里了！”他大喊，“快来帮忙！”

现如今，一个年轻人面前并不是经常会出现如此完美的一个办法来解决到底谁当老大的问题的，尤其是这样一个极富嘲讽感、极不自然的方案，人人都必须承认这的确是个好办法，而且这样一个办法美不可言，简单透顶，竟使我其他的一些方案看起来像是小儿科。要成为爸爸最大的孩子，我现在只需要坐山观虎斗，尽情冷笑就可以了，然后好好编造一个能够解释约翰失踪的极好说法就行了。

另一方面，我又急需有他在旁边，这样才能够经常来河边钓鱼，这个念头非常诱人，跟几天之后约翰从靠近新奥尔良的某个地方涉水湿淋淋地爬上岸来的情景一样诱人。另外，到底是什么东西将他拖下河岸，我对这个也非常好奇。

首先，我们轮流拉，轮流拖，然后，当那场战斗进入持久战的时候，我们进入了某种罕见的团队作战状态，不久就使渔线为我们所控制了。约翰继续在那里骂骂咧咧的，我当时还是个天真的少年，只好在脑子里记住到底哪些话骂起来比较得劲。不久，一条大得出奇的鱼慢慢冒出水面了，滑溜溜的头首先冒出来。

“抓住他的脖子！”约翰大喊。

我按照他说的去做，但相当困难。（后来我才知道鱼根本就没有什么脖子。）但不知怎么的，我们终于将那条怪兽拖上岸了，然后，就跟兄弟之间经常发生的事情一样，我们两个在几个问题上发生了争执：这是一种什么鱼，然后，更重要的是，这条鱼是谁钓起来的。

因为我花很长时间研究过渔业事务，因此我认为这是一条离群的大西洋鲑。约翰坚持认为那是某种狗鱼。考虑到我已经救了他毫无价值的生命，我说这条鱼是我钓起来的，也可以说是他钓起来的。他持不同政见，并且用尼尔森式腋下握颈法使我屈服。我身体发育不良，无法捍卫自己应得的份额，只好同意占有百分之二十了事。

后来，祖父确定那条鱼是白斑狗鱼。“这是多年来这条河里钓上来的最大的一条！我猜这一定使你觉得自己就是我们这家子的渔夫了，是吧，约翰？”

我是个性格开朗的孩子，只当是祖父说话有口无心而已，而且这个想法很快就克服了冲溢我全部的生命、令我热血冲头的嫉妒。

但是，我的确还是学会了一些东西。不管怎么样来解释旁观者的这种极好运气，但可以有把握地说，这种现象至少跟初学者的运气是一样可靠的，当然它烦人的程度就严重得多了。我吸取的另外一个教训是，当一个兄长钓到一条足够大的鱼，并且那条鱼即将把他拖入墨西哥湾里去的时候，一个小弟弟应该站得远远的，就让他一个人拿走全部的荣誉好了。

B 计划

出于我稍后将说明的某些原因，我保存了一份护照副本，用粗铜夹子夹住放在办公桌上。深蓝色的美国护照里面有我的一张照得极差的照片，就放在我的电话后面，病人一般看不见，但我可以看见。护照放在那里是要提醒我注意非常重要的事情：B计划。

尼采说，生命当中所有可能的境况都是人类可以容忍的，只要我们知道为什么就行了。我也相信，只要明白为什么，我们能够忍受一切。但是，我还相信，生命不是一场忍耐力比赛。人们忍受不好的工作，极差的婚姻，甚至还有极糟糕的钓鱼运气，但是，他们的生存到了不愉快得令人痛苦的程度。

佛说，人生本是受苦，无论你忍不忍受。为什么就因为你知道原因就一定要去过不愉快的生活呢？

如果生命只是忍受，只是受苦，只是咬紧牙关以显示生活的严峻，那还有什么意义呢？

我总在问我那些可怜和悲惨的病人这个问题，他们一辈子都在忍受，希望通过A计划。从他们脸上的表情看，你会觉得以前从来没有人向他们提出过这样的问题。

A计划就是你目前所过的生活。从明天早晨你睁开眼睛开始，到明天晚上合上眼皮子，你在这两者之间所做的一切就是A计划。跟我们其余所有的人一样，你可能已经在A计划里过了好多年，甚至几十年，也许是过了一辈子。

大部分人在A计划里度过一生而不假思索。A计划有可能是深思远虑的父母为你起草的，他们为你的大学教育提供资助；也有可能是高中的英语老师为你起草的，他觉得你能够写文章；也有可能是一个伙伴为你设计的，他邀请你一起去警察局申请工作，或者请你跟他一起去阿拉斯加钓鱼；或者是一声敲门声引起的；或者是一个未曾预料到的电话；或者是在有机化学课程当中得了一个差，从而导致你去做了表演业而不是天体物理学的研究。

你可以选择自己觉得想过的生活，但是，机会洗了大部分牌。虽然独立、有自由意愿和能够设计自己的职业生涯的美国人都喜欢相信别种选择，但是，我们大多数人最后还是在A计划里生活了一辈子，而这些原因却比我们自己愿意承认或者愿意向别人解释的隐晦得多，小得多，也无意义得多。

“如果A计划不起作用，”我对病人说，“那么，你的B计划呢？”

“什么计划？”他们问。

“B计划，”我说，“大家知道，如果你们精确制订的计划不起作用，那你们准备怎么度过自己的一生？”

大多数病人甚至都不知道他们是在按一种计划生活，不管是多么意外地设计的，也不管有多么不满意，哪怕这个计划真的在折磨他们。

大多数人都在A计划里受苦，他们从来都没有想过要制订一个B计划。他们从来都没有仔细想想如何找到全新的答案来解决生存的问题：如何赚钱？爱谁？如果突然变成了穷人或者富人应该怎么办？去哪里寻找意义、回报、快乐甚或如何找到真正的欢乐？如何找到钓几条大鳟鱼的乐趣？

针对人类问题解决方案所进行的全部研究都在说，当我们面临更大问题的时候，我们大多数人都会去找更大的一把榔头而不是不同的一种工具。如果你是一把锤子，所有问题就都变成了钉子。因此，当A计划不再起作用的时候，我们大多数人只是想到要去尝试更大的榔头，更用力地敲打，这就使得我们的生活充满悲伤和不快，而且会伤害到我们的生理、心理和精神的健康。

那么说，B计划到底是什么呢?

B计划就是跟你目前正在从事的事情有所不同的一切。B计划是一种选择，不管是新的还是旧的。B计划可能是指抓住今天在你面前经过的一只铜戒指，哪怕在你读这篇文章的时候。B计划也许是一个梦想，是你在上面系上一根绸缎的梦想，你将它放在“梦想架”上，说“有朝一日，我要过上这种梦想的生活”。

当你年轻的时候，你是一个追逐梦想的人。你相信一切都是可能的。但是，在这个过程当中，会有人——比如某位老师，某些机构，一份报告卡中的注释，或者一份鉴定报告，精神病医师的一份评估报告——使你突然间放弃梦想。有人比你更相信你，而可悲的事实是，你接到他们的报告就放弃了，你放弃了自己的梦想。此时，你就开始过上A计划生活了。

有人曾问我说：“什么是你的B计划？”

这里就是。

多年以来，我的B计划是搬到西班牙去写文章。我不会挣到很多钱，但我会冲出A计划。我办公室的护照上有一个西班牙的签章。我的哥哥和他的妻子已经在西班牙生活了一阵子了，因此，1976年，我和安去了西班牙，看看我们的B计划行不行得通。我们吃了当地的食物。我们喝了当地的酒。我们遇到了当地的人。我们看了看村庄和那里租房的价格。我钓过鱼，还真钓到了。我能够讲一点点西班牙语，而且还能够再学一点点。根据我们手头上存储起来的几个美元，已经能够在西班牙生活得很好了。我们喜欢那里的音乐、文学、气候、历史和传统以及那片美丽的土地。山中还可以钓鱼。我对一位写作的朋友谈到了自己的B计划。他觉得那是个不错的主意，他和妻子很快就辞了工作，直接搬去了西班牙，并在那里住了三年。

在西班牙的写作生活只是一种B计划，对我来说已经有二十年了。我现在还有另外一个B计划。还有很多很多的B计划。

我和安一起制订了很多的B计划。我们就这些计划思考了很长时间，给每个计划都编了号码，还通过长时间的谈话探索过梦幻领域，还亲自去过很多地方，不管远近。人在想象各种替换的可能性的时候会找到很多的精神自由，人们会慢慢明白，生活不能够仅仅留给机会，不能够完全随遇而安，我们应该有所选择，通过选择来抓住机会。我们可以把刚才那位哲学家的话重新说一遍，我们人类能够忍受任何苦痛，如果我们有一个B计划的话。

每个星期一的早晨，当我开车沿着日落山朝我的办公室开去开始另外一天的生活的时候，我都会自问："这真是我今天希望做的事情吗？是我这个星期想做的事情吗？是我这个月想做的事情吗？是我的余生想做的事情吗？"

如果我的答案是肯定的（很久以来这个答案一直都是肯定的），那么，我会继续朝山上开过去，找到一个停车场，让自己热情洋溢地投入A计划当中的工作。

但是，这样一个星期一的早晨也会到来：问题的答案是否定的，那么，在这一天，我会在办公室里停留相当长的时间把事情摆平，交上我的辞职书，从铜夹子里取下我的蓝色护照，回家好好考虑一下B计划的事情。B计划一直在那里等待着，渔竿早就打好包了，发动机也一直都在转动着。

如果没有B计划，我可以相当肯定地说，我不可能会爱上过A计划生活，不可能真心喜欢，不可能完全喜欢，不可能彻头彻尾地喜欢。

你没有B计划吗？

起草一个。

船大钓不到鱼

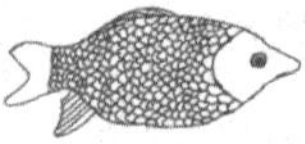

《邻家的百万富翁》排上《纽约时报》畅销书排行榜的时候，我碰巧正在钓鱼的空闲期间。我当时正在一家购物中心，吃午饭的时间，人不是很多，我困在那里，因此扭扭捏捏地到了巴恩斯·诺伯书店，找到了这本书，在他们提供的休息椅上坐了下来，很快地翻了一遍，因此省下了22.95美元——这是哪怕最精明的百万富翁也没有注意到的一个鬼把戏。

我不是百万富翁，根本谈不上。但是，我很高兴向大家报告，我有很多跟百万富翁一样的生活习惯。我开已经用了两三年的高级汽车，直到汽车轮子自己松脱为止。我买用了三年的钓鱼船，并一直用了几十年。我不会在浮华的时尚生活当中花掉辛辛苦苦挣来的钱。我量入为出，而且大笔投资。除开抵押以外，我并不会借很多钱，也不会在信用卡的事情上支付过多利息。如果出于某种原因我无法工作了，我会靠投在互助基金里面的钱和其他投资一连钓几年的鱼。

虽然我在钓鱼旅行和钓鱼工具上所花的钱并没有我妻子所说得那么多，但也并不是微不足道的。因为我其他的一些职责已经完成，为什么不应该如此呢？如果不在自己喜欢的事情上花钱，那你会在什么地方花钱？去买一口上好的棺材吗？

作为一个钓鱼人，我此生也许不需要很多东西就可以过得很高兴，但是，我的确需要在正确的时间带着合适的工具到达正确的地点，幸福正一路跟着游过来了。

正确的地点就是鱼在游动的地方，合适的东西就是优质的用具。我可能开着自己的1988年产雪维牌四轮驱动车开往远处的一条钢头鱼河，车的里程表可能已经跑到了十三万英里，但是，我钓鱼用的渔竿却必须与我为了优雅、美丽和力量而钓的鱼相称。这听起来好像是为在某些事情上花了太多钱而为自己找的一个事后假借口，好吧，那就算是个借口吧。我的意思是说，如果不能够为自己的激情找到一个好借口，那你一天到晚扛着个笨重的大脑袋干什么用？

考虑一下，大多数人只能够活两万八千天左右的时间。这其中的大部分日子还都在上学、工作、看电视和学习如何在家用电脑上成为一个互联网的接受地点的过程当中给浪费掉了。将这两万八千天分配在优质渔竿和线轴所需要的一千两百美元当中，这一装备每天所花的钱还不到一角钱。再用长除法，去圣诞岛钓一个星期的北梭鱼所花的三千美元算下来一天才大约一角钱。总体来说，你可以拥有一根新渔竿和线轴，同时还可以去钓北梭鱼，一天才花不多不少正好一角五分钱。

如果你在这个逻辑推理当中看不出智慧，那你明显就不是个钓鱼之人。

《圣经》上说："钱是个好奴仆，但它是个极差的主人。"要当一个好的奴仆，钱应该为你购买钓鱼工具，带你去钓鱼，给导游发小费，让你微笑着回家。如果钱不能够以这种方式为你服务，那它还有个鬼用？

最重要的是，钱这个奴仆应该为你买到时间去钓鱼。我认识很多想钓鱼的人，有可能去钓鱼的人，能够和应该去钓鱼的人，他们有很多钱，也拥有很多的昂贵工具和大的钓鱼船，但他们永远也不能够去钓鱼。他们搞到了钱，但却没有时间，因此，他们也就钓不成鱼。金钱成了他们的主人，而这样丑陋的主人也就统治了他们。

仅在一年时间内，我愿为美国的每一根没有钓到鱼的渔竿付五分钱。美国的杂货间堆满了没有钓到鱼的渔竿，新的线轴仍然是买来的时候的样子，很少用到的钓鱼船，还有某天最终会拿到仓库拍卖会上拍卖的胶靴。仓库拍卖桌的牌子上将写着这样的一种标志：“跟新的一样，只穿过一次！”

问题在于，我们有太多人已经弄不清楚了，他们无法区分拥有一个东西和做某件事情。如果我拥有一套精美的渔竿和线轴，那应该使我成为一个极好的假饵钓鱼者；如果我拥有一条钓鲈鱼的船，那应该使我成为一名专家型的鲈鱼钓手，等等。

我们的自身并不仅仅是由我们所做的事情，或者所思考的问题，或者所拥有的感觉构成的，而且还由我们所具备的东西构成。有时候，我们完全为自己所拥有的东西所累。

尽管我很喜欢精美的钓鱼器具，但是，我仍然喜欢用廉价的器具来钓鱼，我多少年来也是这样的。精美的器具是对钓鱼的基本欢乐的强化，但不是最基本的。我猜想自己肯定担心，在我们向着物质主义的远征当中的某个地方，我们当中的一些人会将钱与对幸福和欢乐的所有混淆起来，并且慢慢会相信，没有前者的话，我们就无法拥有后者。

最后，一切都归结为选择的问题。因为只有两万八千天好活，也因为只有那么多时间去赚钱，去支持一种幸福和欢乐的生活，我们如何选择花钱的方式取决于我们如何度过我们的一生的方式。

在《邻家的百万富翁》一书当中，有这么一个笑话，一个低调的百万富翁这样评价那些把钱砸在外表上的人：“死要面子活受罪。”

这个话也可以套在某些垂钓爱好者身上，他们宁肯把赚来的钱拿去买大船、买装备，却从来没时间用买来的东西真正享受钓鱼的乐趣。

钓鱼的欢乐不一定是钓到鱼本身，而是亲临鱼被钓到的那个场所。

一个人的突围

我经常有一股冲动，想越过乡间到遥远的地方去，到很远的钓鱼地去钓鱼。有一天，我感觉很好，很正常，跟一个起居有时的公民一样做完了所有的事情。第二天，我又开起了我那台老皮卡车，沿着高速公路开到很远的一个偏僻之地。我极想看到新的乡间，新的水域，就像听到很细微的一个声音在我耳边响起来："突围，小伙子！赶快突围，不然就太晚了！"

多年以前，我为一名正在康复过程中的嗜酒者治疗，他刚刚继承了一百万美元。他还有皮疹的毛病。他说他喝酒的时候，一般都会"当场出皮疹"。

“哪种皮疹？”我问。

“啊，”他笑着说，“锡特卡、阿拉斯加、新加坡，我的天，有一次我在肯尼亚的一次远行途中醒了过来，穿得像一个了不起的白人猎人，背着一只荷兰鸡，背有一支荷兰大象步枪。那是一种宿醉。”

我不需要烈酒才能够突围。阿斯彭的树叶在春天的抖动都可以使我行动起来，白桦叶上第一闪金色都会使我行动起来。夏天的热浪，杂志当中的一个钓鱼故事，我需要的东西并不多。

突围是从一阵冲动开始的，然后是方向的大致问题，再次是准备，一般是在第二天早晨天刚刚亮的时候。到天亮时，我已经准备好了一些新鲜的肉、水、威士忌和很多的渔竿、假饵和希望。我打下调速杆，开上车道，然后就不见了我的踪影。

我喜欢黎明薄薄的红线在我前面出现的时候在公路上开车。从我家往西到太平洋才三百英里的路程，这之间很少有什么可以突围的空间，因此我就朝东或者北边开去，直奔洛基山区和爱达荷、蒙大拿、怀俄明或者英属哥伦比亚以及阿尔伯塔省。他们说，丹尼尔·布恩需要一个“撑开肘子的地方”，我还知道我与他在很久以前是血亲。因此，也许我继承了他身上的一些基因，“这里太挤了，太文明了，我们去漫游吧”。我不想要一个终点，也不想要一个保留地。突围的全部意义不在于从甲地到乙地，而是甲地到任何一地。

这种奇怪的行为在家里并不会引起任何麻烦。在一起经历了差不多四十年的生活以后，已经剩不下任何一点儿东西是我可以在我所爱的那位女人心中煽起任何警报声的。“祝你玩得开心，”我宣布突围的时候，安这样对我说，“但如果你靠近哪部电话，记得打个电话回来。如果人们知道你大概在哪个州迷路，搜救队也好去那边找你，那会容易得多。”

但我从来都没有迷过路。让我来纠正这一点。我从来都没有迷路迷到了需要专业人员再次引我回家的程度。回家可能需要很长时间，但是，我从来都没有迷失过。突围冒险的一部分就在于在美国的乡村路上迷失一阵子，或者至少在你心灵的乡村路上迷失一时半会儿。

我的车上装上了三件生活必需品（食物、水和钓鳟鱼用的假饵），我很喜欢没有地图满世界乱开，我喜欢通过太阳和星星来定位，通过山峰和河谷来定位。不管我在哪里结束，最后都会觉得是盲测法带我到那里，而不是什么路标带我去那里的。我喜欢想象，稍有一点儿运气，我有可能最后会来到某条长期失传的山间小溪，它处在群山的背后，自20世纪70年代以后就再也没有人去那里钓过鱼了。

一个人出发是必需的。但是，哪怕我并不想一个人走，也不知道会不会有任何人的生活简单到了可以说“管它呢”，然后抓起胶靴和渔竿就跟我一起走了。哪怕有这么一个人，我也不能够肯定自己一定就会愿意分享突围能够提供的安静思考的时间。另外，我一个人已经只身闯惯了，前后十几次都是这么一个人走的，因此会对自己的独行产生一点点嫉妒感，还有一点点怪异。就跟有位头发灰白的探矿者已经在山中度过了太长时间，竟至于使他的驴子也开始顶嘴了。

在突围的时候，我避免在正式的营地露营，我过着简朴的生活，自己去找生火的木柴，去找水，在小火上煮食，在我卡车背后睡觉，不拘于任何礼节。我想钓鱼的时候就钓鱼，想吃东西的时候就吃，想睡就睡。以下是从很早以前的日记当中摘录出来的：

地点：蒙大拿州彼特鲁特河上游。1991年初夏。一个人。在乡间的砾石坑里露营。在场的其他东西：无。喝了一点东西，吃了一块牛排，为上午准备了一些咖啡，看了一点儿艾德华·阿比的书，然后在河边四分之一英里范围内钓到天黑，直到看不见假饵为止。水位很高，而且有些变色。日落时分天冷下来，一阵凉意。钓到的东西：两条小虹鳟鱼，都放了。早晨继续前进。什么地方？

你们看到后来的结果。没有既定的轮数。没有什么非做不可的事情。没有时间表，没有日程安排。没有就下一个举动而与任何人争执。一个人出远门的时候，没有责任，不需要做任何多余的事情，只需要对自己负责，对快乐负责。如果鱼是好的，那就留下；如果鱼不多，继续前进。

再进入下一个山系。

顺着一条大峡谷走。

进入极远处的一处蓝色河谷的谷口。

突围的头一两天不太容易。我们被自己设计的约会册子束缚了好几个星期，好几个月，好几年，没有任何妨碍的生活会让人觉得不自然，不舒服，甚至是鲁莽的。这种对无拘无束的自由的向往光躺在床上做梦是得不来的，要走出房门，给车加一箱油，去宽广的大路上狂奔才能得到。

突围的时候，多尘的公路就好像是欢迎路牌一样，没有什么标志是好的标志，而远处的所在都是极有希望的地方。为了获得自由，你必须不停地开，一直开下去，直到生命返回到其更为自然的节律当中去，直到你再次与太阳在黎明的节拍同步，直到天黑，再到黎明，这样，你就彻底摆脱了人造时钟的嘀嗒声。

多年以前，在往西边去的一次突围当中，我认识了一位牧场工人，他正离开他割草的那片田野。那一片田野就如同一块进门的草垫，铺在一条深谷的入口。我问那友善的牧场工人，从他身后的牧场后面的山间流出来，而且穿过他田间的那条小溪是什么样子的，里面有没有鱼。

“有啊，”他说，“但都是些小鱼。”他建议我再顺着河谷往下走十五英里，那里有一处著名的钓鱼去处。

“很小，但鱼很多是吧？”我问。

“是啊。已经有很多年没有人去那条小溪钓鱼了。你喜欢尽可以去钓。”

“我能够在那边露营吗？”

“那当然。”那位年岁大的牧场工人笑着说，“在那个山谷底部的一排老棚屋线那边住。但要注意防火。我可不想让我冬季的牧场化为烟雾。”

那是一个夏天的晌午，我沿着一条土路开进绿色的山坡，很快找到了那条极有希望的小溪。里面一定会有鳟鱼的。新的乡村，没有人钓过的水体。我的内心充满希望。我很快搭好了营地，步行了半英里才进入峡谷阴影地带，心里在想：自20世纪70年代之后有没有人在这里钓过鱼？

那条小溪里面有很多小野虹鳟鱼，它们急急忙忙地咬假饵，在水中不停地舞蹈、舞蹈、舞蹈，直到日落为止。晚饭过后，当火已经完全熄灭后，我可以看到星空下的河谷下游的牧场上摇动的灯光。今夜可得安眠，明天我再上路。

也许不再上路。

曾有很多人问我有没有拿钓鱼当作一种疗法；只有庸医才不这样做。

与欧内斯特·海明威角力

我年轻的时候，曾梦想以后跟欧内斯特·海明威一样生活。我想跟他一样去打猎。我想跟他一样去钓鱼。我想跟他一样去写一些尼克·亚当斯的故事。如果他没有率先写出那些故事，我想我自己也有可能在某一天写出《老人与海》。老天知道我费了很大劲的。

为了学会写作，我经常照抄海明威的散文风格，一个字节一个字节抄，一行一行地抄。虽然20世纪60年代有一大批精神分析学家解构了海明威的作品，因为那些精神分析学家没有什么诚实的工作好做，但是，我从来都不因为崇拜海明威这个人而自愧。

然后就到了20世纪70年代。当时要杀死所有的老狮子。新一代男人要温柔，要关心，要有思想，要温情脉脉。我们都应该向艾伦·艾尔达看齐。

有一阵子，我觉得自己有可能尝试着当一当艾伦·艾尔达。有一阵子，我还慢慢觉得自己相信老欧内斯特在心理上是一个跛足者，一个自我吹嘘的人，一个大男子主义者，他强调自己的人生道路，如果不是为了恐吓别的男性，那也至少是为了销售他的小说。我觉得也许多萝茜·帕克的理解是正确的，因为她评价他的时候说："哪怕是在他深沉的时候，他也是个肤浅的人。"

但是，我现在也老了，也许更聪明了一些。我作为一个年轻人的时候不理解欧内斯特的地方在于，尽管他神气十足，又打猎又钓鱼，还弄垮了一些飞机，甚至赤手搏斗，还会讲故事。但他知道，他一定明白如何过生活。

欧内斯特·海明威所过的生活是大部分傻瓜想都不敢想的。他和他的故事还会继续千古流传下去。

生前偶尔垂钓，死后方能安心长眠。

北梭鱼的教训

时不时被鱼战胜一回并非坏事。人们当然不想让这样的事情成为一个习惯，但是，偶尔被鱼折磨一两回也不是什么坏事。失去一条好鱼会让你觉得没有面子，但我们所有人都是能够学着谦卑一点儿的。到了我这把年纪，当一条鱼战胜我的时候，我能够微笑一下，摘下帽子对胜利者表示敬意。

而这并不是说我就愿意失败。完全不是这样的。我从来都不准备失去一条鱼，除非我知道这条鱼没有勾到合适的地方。在这样的情况下，我会立即拿渔竿指着这条鱼，并且将假饵上的饰物弄掉。我在一片有很多鱼的水里用假饵在水面上划动，勾住了一条梭子鱼的肚子。“你为什么要这么干？”钓鱼导游问我说。“无缘得见。”我回答说。

在一场公平的争斗中被一条好鱼战胜，意味着你低估了这条鱼，或者钓得不好。你不能够把自己的失败归咎为运气不好，而只能说自己准备不充分，或者技术不高。运气与这个毫无关系。

我清楚地记得丢过一条极大的北梭鱼，从这条鱼的身上我吸取了一个严重的教训，知道打绳结的重要性。那是在圣诞岛上，那天的钓鱼导游是西蒙·柯里。

“大北梭鱼！”西蒙大声喊出来，指着那片蓝绿色的神秘的水域，大海就在那个地方与白沙平地相接。“快抛竿！一点钟。四十英尺！”

我看见了那条鱼雷形的绿色大鱼，很快抛了一竿，假饵线还有好几圈剩下来在我脚下附近的水里。假饵沉了下去，北梭鱼很快游了过来。那是极大的一条好鱼，是那个星期我见过的最大的鱼。它咬住了假饵，想转身，我猛力一拉。

那个星期我一直希望钓到一条大一点儿的北梭鱼。现在这条鱼正好。它朝深水里猛蹿，留下很长的一道水迹，我想松开左手，好让其余的线从水里绷起来，并通过导轮放出去。

太晚了。我感觉到了那圈渔线缠住了我的手指，而且扯得极紧。我让着那条鱼，把渔竿放到侧边，想让发怒的对手转身，然后用右胳膊夹住渔竿，腾出手来抓那根已经勒进我手指的渔线。那条猛拉的鱼继续把渔线更紧地缠在我的手指里，把我的手变成了一个奇怪的结，使指尖卡在线轴导轮上了。跟阿哈布船长一样，我被缠死了。

那条北梭鱼挣脱了。

我卷回已经松弛下来的渔线，手指或者渔竿没有断已经算万幸了。假饵、饰物和导线都不见了。我用中国锁指式方法粘在假饵线末端的编织导环被那条鱼拖跑了，假饵线上的外部包层都不见了，只剩下里层的几根线索。大北梭鱼的力气就有这么大。

我知道这场游戏。我了解游戏规则。我总算明白了如何在与北梭鱼的搏斗中打一个好结。我知道如何将空出的一只手松开，离我的身体远一点儿，以免卡在飞动的假饵渔线上。我知道要获取战利品，你必须拿出所有的技巧和知识迎接挑战。

对钓鱼的人来说，激动会忘了知识和技能，这是幸事一桩。否则，我们总会把大鱼都弄上岸来，这样一来，我们就无法了解自己了。

丢了那条北梭鱼我当然高兴不起来，但是，我的心还是照样激动过。如果你必须丢失一条大鱼，那就热情洋溢地让它丢失吧。

“多大？”我问西蒙，他在往渔线上绑一根新的导线和饰物，打了纳尔结。我弯下腰去抓住双膝，想让后背上的刺痛有所舒缓，人在极度兴奋，肾上腺素上升过多时常出现这样的背痛。

“十磅。也许十一磅，”他咧嘴笑起来，“是啊，一条大北梭鱼。是北梭鱼先生。它教会你什么东西了吗？”

“是啊，”我说，“它让我明白了一点儿事理。”

我再也没有见过十磅重的北梭鱼了。

比跟新朋友一起钓鱼，更好的一件事情是跟老朋友一起去钓鱼。

我的秘制肥料

尽管不时有人喜欢诽谤我一顿，但是，我一向还是努力善待大地母亲的。我一向尽自己的最大努力使自己所做的一些事情符合守恒的最高原则。不浪费，不奢求——这是我的哲学。作为一个钓鱼的人，我努力利用自己钓到的每一条鱼，吃完之后将每一部分都予以利用。例如钓太阳鱼的时候碰巧钓到了一条鲶鱼，我会将它切成薄片带回家吃。因为挑食，安不吃鲶鱼。因此，我把鲶鱼切成薄片带回家吃的时候，一般它就成了太阳鱼片。油炸太阳鱼是安最喜欢吃的菜之一。

废物重新利用法发明（约在1972年）之后不久，我突然想到一个方案，可以为切过鱼片后的鱼次料派上更好的用途，也就是用作园艺种植物的肥料。在玉米粒底下埋鱼骨的做法跟农业一样古老。1973年春，我跟任何一位农夫兼渔夫一样忙碌，我在自己喜欢的湖之间来回跑，用渔竿和线轴从一种生态系统中取出营养物，然后用铲子和汗水注入另一个生态系统中，只留下挑选出来的一部分。接着到了五月底，慢慢就出现了一个问题。我和小伙子们在当地钓了很多河鲈回来之后，安问道："那么多鱼内脏怎么办？园子都堆满了。"

"别担心，"我说，"我在搞废物利用。"

"废物利用没有问题，"安说，"但收垃圾的人要到星期四才来。不到星期四它们就臭上天了。"

"等等，等等。"我说。

那期间，我们住在郊区一个很小的地方，周围的邻居都是一些教授、学校老师和商人，还有一位退休的空军少校。从人类生态系统的角度看，我们彼此宽容，处得很不错。这么一来，我就想，如果我开办一家鱼肥厂，谁会在意呢？有特殊园艺才能的人会告诉你，鱼制乳剂肥料是人类所知最精细的肥料。只需要一小杯，几乎就会对任何能够生长的东西产生奇效。

我的再利用计划是对简单易行的一项研究。说得简单一些，我将在自家为人类分出最好的一部分，然后将鱼次料扔进一只五十五加仑的大桶，加少许的水，让混合物老熟，然后倒进我的土壤里，长出大如篮球的番茄来。蛋白质将获得完全的利用，我们处在食物链顶层的人类将变得富有而强壮。这真是个天才的计划，没有任何东西会被浪费掉。

这样干到大约六月份，我在屋顶烤牛肉饼，此时，安拿着盐和辣椒走过来。一阵微风从后院刮向这栋房子。

“我的老天！”她大喊起来，一只手捏着鼻子，另一只手朝园子里面挥动，“那边有什么东西死了。找找看把它埋了。”

（我承认，我的鼻子不是很敏感。需要极成熟的一条鱼才能够对我的嗅觉产生影响。上帝保佑安，她正好相反。她可以用职业眼光断定鱼的岁数。）

“我会过去看看。”我说。

“快去。”安逃回房间去了。

实际上，找到那个味道的来源并不需要那么长的时间。那只桶已经黑得像墨玉了，而且我们照了整整一个星期的阳光，气温高达约二十七摄氏度。里面有两百多副鱼架子正在热闹地分解，正如我在自己的守恒主义梦想当中所预见到的一样，整个酿制过程进展极其顺利。分解的灰色和有恶臭的过程也许不一定能够使所有人非常激动，但是，在强烈的晕眩感过去之后，我却极喜欢那种灿烂的远景：草莓会长得大如高尔夫球。但是，我的确注意到，打开盖子的时候，从里面冒出来的“芳香”的确具备某种强度。当我能够再次稳定呼吸的时候，我返回到了房间里。

“是那些鱼。”我说，一边倒了一杯柠檬汽水来镇住不断上升的恶心之潮。这全都是从那座肥料化工厂里冒出来的刺鼻的“芳香”引起的。

“鱼？”

我接着解释了我的小小的再利用实验——说从现在开始的一年之后，我们将吃到大如垒球棒的萝卜。

“你的意思是说……”

“园子里长满了东西。”我说，“你最近注意到了鱼制乳剂的价格吗？”

安不是个喜欢守恒理论的人。例如她喜欢将萝卜叶子直接倒进垃圾桶而不是拿到堆肥那边去。另一方面，她对于社交方面的事务非常在行，能够与邻居维持极好的关系。她指出，这些邻居如果发现我正在进行的事情，有可能会提出诉讼。

我们就我的鱼制肥料一事进行了几分钟的讨论，正如我预料的一样，安很快就明白了正在处理过程当中的生态学的清楚明白和优美的逻辑，也看出了我的这一发明无可争辩的益处。

“现在，”她说，“请立即弄走那只桶！”

“太晚了，”我说，“那东西一定已经达到四百磅重了。如果我去搬动它，一定会使我的哪片椎间盘错位。”

“宁失椎间盘，莫让下巴错位。”安说。

“好吧，好吧。”我说。然后，因为自己明白这种再利用计划里面的正当、合乎伦理性以及责任心，我将那只大桶搬到了杂物间的后面，安从厨房窗户看不到那个地方。

到七月中旬，那个化工厂达到生产的最成熟阶段。全盛期的能源每天早晨达到最高峰，里面的气温达到约三十二摄氏度。一点点水，再加上一些鱼头，不时从冰箱里拿一些佐料，这些东西通过一只老锄柄快速搅拌混合在一起。（我说“快速”搅拌，是因为这么做的时候，结果是意识的暂时丧失。）但是，十英尺高的玉米的前景在我脑海里跳跃着。

然后到了九月份，我注意到雷根少校在他家平台上用一把双筒望远镜朝我家后院探望，他家住在我家园子的顺风处。我想到了希区柯克的惊险电影《后窗》中的吉米·斯图亚特，他在里面扮演一位困在轮椅里面的摄影师。因为没有别的事情好做，他把时间花在用双筒望远镜窥探邻居的生活上。慢慢地，他意识到发生了一件谋杀案，尸体就埋在一个花圃底下。我在街上碰到雷根少校的时候，他就是用那种奇怪的眼光看着我的，脸上的那种表情被吉米·斯图亚特在《后窗》里面表演得惟妙惟肖。

约一个星期后，我和安请邻里来吃家常便饭，喊得到的客人都到了。为安全起见，我用胶纸带封好了那个化工厂的盖子，以防止有任何辐射渗漏现象出现。人人都彬彬有礼，很快活，而且，我还必须说，大家都对我的番茄赞不绝口。

“你们是怎么让那些番茄长那么大的？”他们问。

“一种秘制化肥。”我说。

“是啊，”雷根少校说，他的眼睛眯起来了，“我也一直想问问你们这件事。你们到底用的什么东西？”

我哼哼哈哈：“啊，就是我自己用废料做的一些东西。”

那位少校是一位老情报官员，我看得出有一阵子他显然对这个答案不够满意，而且顺便查看了一下在场的客人，看看有没有没到场的人。他仍然不满意，因此慢慢朝后院走去，四处查看，我估计他是在我的草莓地里查看有没有一堆新堆起来的土包。

然后，上沙拉的时候，悲剧发生了。几个少年发现了那个化肥厂，他们就在旁边捣来捣去的，终于将盖子揭开了一部分，引起数加仑的灵丹妙药散入后院，还吹到野餐桌上，而且客人们都在那上面传递着糕饼。这一下子，对后院宴会的影响毫不亚于三英里岛上的那个核辐射小麻烦，但只是其效果却更直接。

“呃呃！”

“我的老天！”

“救命啊！”

大家喊叫完毕后，尚且没有晕死过去的人一手抓住餐盘，一手捏着鼻子朝后门逃去。事后我对安讲起此事的时候说，社交行为会在出现恐慌的时候表现出来。这里有二十多位处在歇斯底里边缘上的客人，大家都产生了强烈的逃窜动机，但是，他们坚守自己平日的操守，跑到足够远的距离后还忘不了停下来说声谢谢，说我们举办了一次极好的餐会。其中一些道别的话是边跑边回头说的。

当最后一位客人也不想再逗留下去的时候（约在倒数第二位逃走的客人之后的二十秒左右之后），我和安坐下来进行了面对面的促膝谈心，这是两个指望将两性关系保持下去的夫妻时不时来一次的那种谈话。此时我万分小心，站在安与餐刀之间的地方以防不测。

“我为什么不直接杀死你了事？”安这么开始。

“因为你爱我。”

但很不幸，这话接得很不是地方，然而由于某种久经锤炼的迅速反应，我很快弯起左臂将她抱在怀中。她拼命挣扎，而我就呼天抢地地保证，一定会清除现场，终止该废物利用项目，修补朋友和邻居的关系。然后，她慢慢地放松一些了，再后就笑了笑表示原谅，因此我就松开了胳膊。

“那很好。”她说，一边一脚踩在我的脚背上，走开的时候差不多踩断了我的脚弓。

最后，一切都没有问题了。由于我不忍心将鱼制化肥运到垃圾堆里倒掉，因此就用一加仑的牛奶罐以赔偿的名义分送给所有邻居，因为他们的感官出于并非我本人的过错而受到了侵犯。对照而言，连销售《圣经》的推销员都受到了更好的待遇，因此，我被迫得出这么一个结论：大部分园艺人员都缺乏腐殖质的概念。雷根少校因为无法确定谋杀罪证而流露出明显的失望，但他还是邀请我进屋喝了一杯咖啡。

因为我总是一个极有悟性的觉悟者，因此改变了我的守恒实践。现在，我和小伙子们把湖里钓起来的鱼削成鱼片后，只要是海鸥、浣熊和小龙虾能够吃的东西，我们将剩下的全都返还给大自然，让自然以自己的方式消化残余物。但我们仍然利用捉到的所有鱼。尤其是鲶鱼。如果我们不是时不时来一点儿油炸太阳鱼，安一定会很失望。

哪怕钓鱼的人也有不开心的时候

“睡不好吗？”我问。

“是啊。”

“食不甘味？”

“你怎么知道的？”

“过去三个月人瘦了许多？”

“二十磅。”

“操心性生活上面的事情？”

“不完全如此。”

“想大哭一场？”

“不……嗯，可能有时候吧，但我并没有真正哭出来。”

“不，”我说，“当然不会的。总觉得很累？”

“是啊。”

“队长要你退出棒球队，再也不要去钓鱼。如果是这样的话，你就不再去钓鱼了吗？”

“你说对了。”

“以前也有情绪如此低落的时候吗？”

“不曾有过。”

“想到死或者自杀的事情吗？”

“是啊，但我不会这么做的。我还有妻儿老小。”

我知道，最好把临床压抑诊断告诉这个钓鱼人，我还知道病人对一个诊断的看法至少跟专业人员的看法同样重要，我就说：“不知道你是否愿意告诉我你自己觉得出了什么样的麻烦？”

“嗯，”这位四十三岁的警官的眼泪在眼角打转，他低下头来说，“我觉得自己身心憔悴。”

“好的，”我说，“那我们就有了一个诊断。我也觉得你身心憔悴。走运的是，我们对身心憔悴有极好的治疗办法。”

我终于看到他苦笑出来，证明我们在治疗方案上达成了一致意见。这是朝治疗与康复迈出的第一步。

这个人遇到了身心憔悴的毛病。有个律师曾想开着自己的宝马车朝砖墙上撞，他对我说：“事情走到这一步，我心里真是不好受。”有位外科大夫有临床诊断出来的抑郁症，他对我说："我很难过，我的天，我真是累极了！"

妇女也时常犯类似的自我诊断错误。我最近看见一位经理人，她挺住了长达五个月的重度抑郁症，根本没有吃任何抗抑郁药物。她说："是的，当时我的确病得不轻，但我从来都没有沮丧过。"

在美国文化生活当中，男人从来不哭的。男人不会感到抑郁，妇女才会抑郁。抑郁不是男人应该感受到的东西。我们的男人也许会沉思，会怨天尤人，阴沉、愁闷、垂头丧气、乖僻、悲观、易发脾气，什么都看不惯，深居简出、郁闷、愠怒、厌烦、老想着自杀，但我们不会抑郁，非常感谢。我们的内心为绝望所困扰的时候，我们不会去拿氟西汀，我们会拿起一把手枪。哪怕报纸都会在我们的自杀行为之后保护我们："没有人知道他到底为何那么绝望。"

我准备在这里简要地把抑郁的全部讲课内容告诉大家。

临床抑郁是一种威胁到生命的病症，构成这一病症的很多症状你随便称什么名字都可以。最近一期的《哈佛精神卫生简报》报告说，普通的抑郁症跟高血压有关，有抑郁症的人得高血压的可能性较常人高出百分之六十，他们得心脏病的可能性较常人高出百分之五十。经过治疗之后，有抑郁症的人不如常人恢复得快。诊断出有抑郁症的病人当中，如果不经治疗，百分之十五的人最后会自杀。抑郁症构成全球自杀案原因的百分之六十。没有得到治疗的抑郁症会对人的社会生活，心理、生理、情感和精神健康造成不利影响，这意味着它会严重地影响到你的钓鱼时间。

金博士有一个梦想。我也有一个。下面就是我的梦想。

我有一个梦想，有朝一日，人们会彻底摆脱对精神疾病的无知。我梦见有朝一日，我们对于精神疾病的理解会跟我们对于糖尿病或心脏病的理解一样多。我有一个梦想，有朝一日，我们作为人会帮助身边的那些人摆脱可怕的、威胁到生命的心理瑕疵，而且像我们自己希望得到别人的善待一样善待这样的人。

我需要大家的帮助。

打开你们的心扉，了解一下抑郁和其他精神疾病方面的事情。

你认识遇到困难的人了吗？伸出手来帮助他们。让他们去接受诊断。如果你觉得自己很抑郁，去找人来帮助你。不要等待，你的生命有可能会受到威胁。

好消息是，对于抑郁的治疗效果是很显著的。坏消息是，美国每年数百万罹患精神病的人当中，只有三分之一左右的人会得到合适的诊断和治疗。

结果呢？数十万人损失了钓鱼的日子，出现了完全没有必要的离婚，失去工作，大量人壮年夭折，还有因为抑郁而形成的疾病、病症而导致的伤残以及自杀。尽管钓鱼有很强的治疗作用，但是，哪怕钓鱼人也有心情郁闷的时候。当一个钓鱼人不再钓鱼的时候，那就到了该赶紧治疗的时候了。

帮助我实现我的梦想吧。我们越早克服对于精神病的中世纪的信仰，我们就越是能够宣称生活在一个文明开化的社会里。

不久之前，我遇到了三十年行医过程中的第一位真正谈得上开化的病人。也许他是来自未来的人。

说出他自己的名字，还有他打电话的方式以后，他开始说："我看到一本讲抑郁的小册子。共有九条症状，是吗？"

"是的。"我说。

"嗯，"他回答说，"我有其中的八条。"

我们约好了会面时间。

我的新病人正确地诊断出了自己的抑郁症，那是一系列严重的抑郁因素造成的后果。他是一位聪明、有能力和阅读甚广的人，在波音公司当工程师。他觉得自己的健康远较男人的自傲为重，因此对治疗产生了良好的反应。我们最后一次诊疗的时候他说："我来找您是因为您是抑郁症方面的专家。如果您想咨询金属疲劳方面的问题，请来找我。"

我们可以共同创造一个美好的未来世界，我的梦想也能够在里面得以实现。我们会了解抑郁症方面的事情，我们能够跟一名专家一起确认自己的诊断，我们能够及时地治疗。最终的结果？更多的欢乐、幸福和钓鱼。

如果这位工程师代表波音公司雇来建造我们会坐在里面飞行的喷气机的那些人的话，我觉得我们就可以接受那位副驾驶员的劝告，"要放松并欣赏飞行"。

我知道自己是很放松的。

不冻湖里的小鲈鱼

我最喜欢的鲈鱼湖现在有了另外一个名字，可是，当第一批欧洲人于19世纪中期来到我们家乡的时候，当地的印第安人称其为不冻湖。而且有充分的理由。哪怕在最漫长和最严寒的冬天，这条湖从来都不结冰。水很大，很冷。是圣水，奇怪的水，很深的水，神秘的水——在不冻湖里长到五磅重的任何一条青鲈都是很老的鱼，它们会受到社会保障部门的保护，而且会在街上得到人们的帮助。

不瞒你说，我住在很北的那边，一只假饵甩过去就到了加拿大。哪怕我们生长鲈鱼的水体都很热的时候，它们也是很冷的，而冷水很容易长出小鲈鱼。

小到什么程度?

我们谈的大部分是十二英寸长的鲈鱼，里面不时有两到三磅重的小鲈鱼让你返回。少数一些五磅重的鲈鱼也有人捉到过，但这样的事情很少见。如果有人宣称在如此靠北边的地方钓到十磅重的鲈鱼，法律规定他必须对自己所吃的药物进行检查。

我可以想象有些南边来的鲈鱼爱好者读到此时会自言自语：“瞧这些可怜的北方佬。他们的钱太多了，但却没有足够大的鲈鱼。怪不得他们都那么压抑，那么爱发脾气。”

在如此靠北边的地带，只有白痴才会将很大的青鲈搬上自家餐桌，不过，这也是青鲈出口的原因所在。饥饿的拓荒者将青鲈和小嘴鲈装在大车两边的接雨桶里面，然后带到西北部。这些鱼在广告中被说成是西方的新食用鱼，钓起来很好玩，也很容易，因此能够在饥荒年代提供廉价的蛋白质。我在西北乡村走了很多地方，探索过其最潮湿的地方，长达三十余年，因此我知道有可能在偏远的池塘和小湖里找到大嘴鲈鱼，都在俄勒冈和华盛顿州东边大内陆地带的老式住宅附近。

“连想都不要想！”一位老寡妇打开网格门的时候说。

“想什么？”我说，她粗暴的脾气令我不知所措。我在她家远处的低矮平房后半英里处的一条小深谷的底部找到一个小湖，因此想问问里面有没有鱼。

“你想钓到大鲈鱼，不是吗？”她说，一边瞪着眼睛问。

“鲈鱼？”

“别装傻了，先生。答案是不行。请走吧！”她当着我的面关上了门。

我经常想起这位小个子的老妪，她在那里守卫着那片小小的老鲈鱼湖。极有可能的情况是，自从大萧条时代以来，再也没有人去那边钓过鱼了。我后来又回头去找过她很多次，都是手拿着帽子去的。她稍稍有些动心，但很快又改变了主意。

因此，我大部分时间还是去不冻湖钓鲈鱼。那是一座很大而且危险的平湖，它的边缘从来都没有房地产开发商动过。那里仍然是一片野地，很原始的地方，那也是我最喜欢去的户外活动场所。这座湖是鲈鱼的家园，里面有很多大嘴鱼，南瓜子翻车鱼，当地的吸泥鱼，虹鳟鱼和棕鲈，那是你能够展开自己的激情，或者撒播自己的骨灰的一条湖。

春天到来的时候，人们时不时可以去这个永不冻结的湖，可以在适当的时间去到适当的地点，而且能够钓到很多小鲈鱼。这个地方的鲈鱼并不是很大，但是，他们觉得有可能钓到大鲈鱼，什么样的意见都有。我现在的年龄大到了可以穿紫色的程度，因此觉得谈到鱼或人的时候，重要的不是身体，而是心。

林登·约翰逊是位杰出的政治家，他知道如何交朋友，如何影响人们。他第一次竞选国会议员的时候养成了

一个习惯，车里的汽油总是半满的，这样，他就可以去很多加油站加一点点油，因此熟悉了地广人稀的西得克萨斯州的大部分小加油站老板，因为这一带的投票极少。他经常停下车来加油，找机会认识一些熟人，拉上一些关系，并慢慢培养出一种亲切感。

我们钓鱼人也需要在地广人稀的地方培养人际关系和亲切感。也许我们都可以从这位总统那里学到一些东西。

在城市里购买食物、汽油和用具也许容易许多，但是，小城镇里面的人也需要欣赏钓鱼者带来的生意。仅仅花几分钱，你就可以在家里买到一些东西，但是，你在乡间可以买到很多良好的公共关系，这不仅仅是指对钓鱼人而言，而且对鱼也是一样。然后，当河与城镇以及鱼和栖息地需要帮助的时候，当地的投票就会对保护它们产生作用。

钓鱼向导

“它们在这里。”我们的向导登尼斯·迪克森说。

“再远一点点吗？”我问。

“不。你们就在这里照着它们的头上扔。可是，你们的补丁不能够把假饵放下去。要向再上游的方向抛竿，扔下更大一点儿的补丁，甚至两个。你们必须把假饵放下去，一直放到它们的鼻子上。”

我这是第一次在十一月份去斯加吉特河钓大马哈鱼，但连钓了两个小时都没有看到一个鱼影子，这使我甚为恼怒。而且我也没有看到自己会更聪明一些的迹象。跟过去几年我看过的一些病人一样，我花了很多钱来请一个向导，结果却又不听他的劝告。

有时候，顽固和自傲是有所帮助的。如果有足够多的骄傲感，你会使自己一辈子保持愚蠢的状态。一个钓鱼向导能够告诉我什么东西呢？我毕竟已经钓了五十年的鱼啊。有人如果问我最后看的钓鱼书是哪一本，我会回答说："我并不读钓鱼的书，年轻人，我写钓鱼的书。"

我气得不行，慢慢性急起来，因此我从河里走上岸暖和一下自己的脚，把渔竿递给了登尼斯。"让我看看这里到底有没有鱼。"我说。他试了。再投一竿就钓到了。那条大马哈鱼朝河下游狂奔而去。登尼斯把渔竿递给我。我拒绝了，但现在我已经准备好听他的话了。

一旦你接受了一项事实，说明你在生活当中的确需要一些帮助，而且这种帮助是你付得起的一个代价的时候，世界的边缘看起来就稍微模糊一些了。有时候，在某些地方，在这条河里，那座湖里，或者沿着生活的某条小径走下去，我们每个人都会借助一点点帮助，我们都需要一个顾问、一位牧师、一个接产婆、一个治疗师、一个钓鱼向导、一只有经验的手，他会跟约翰·韦恩一样，把我们当作迷失在陌生地点、极需要得到一片可以借以遮蔽的处所的诚实的香客一样对待。我们需要一杯咖啡、一点儿友善的指点、一些细心的忠告，还需要指明正确的方向。

独自旅行本身并无任何过错，一个人可以自己努力学习一切，形成自己的性格和自信，这些都没什么大错，但是，总有一些时候，借助一点点帮助是好的，哪怕是付钱的帮助，如果不是为了得到我们所希望得到的东西，至少也可以保持我们已经拥有的一切。

这一点似乎是妇女不需要学习就明白的一个道理，却是男人很难接受的一个教训。我看到过很多年龄大的男人，他们只需要一点点外科手术，一点点护理的工作，但他们却选择一枪了结自己的生命，而不是去选择依靠陌生人的帮助和善意，不管是付钱的还是志愿工作。太多的绅士相信人应该“死得尊严”，而且死得“不靠帮助”。

最开始，我发现很难接受钓鱼向导的概念。我需要一个医生、一个机械师，或其他的专业人员的时候，什么都不会想，但是，请一个钓鱼向导？一个教别人如何钓鱼的人还去请一个钓鱼向导？我为什么要花一大笔钱来依靠别人？

对一个成熟的人来说，这是一个相当愚蠢的立场，尤其是当你考虑我一部分的生活来源是当心理治疗师，而那只不过是另一种钓鱼向导而已。我猜想这与性别有关，因此很顽固。

钓鱼向导、拉比、僧人、教练、老师、修道僧，还有心理治疗医师，这些人全都是做同样的工作。所有人都必须掌握专门的知识，服务于同样的一种师徒关系，形成良好的医生对待病人的态度。帮助别人是一个信条，更是一种值得尊敬的职责。钓鱼向导帮助你在不同的和有挑战性的水域找到鱼，另外的那些人教导你通过困难和挑战的时候寻找安宁和意义。

你只需要为一名向导所花的时间付出一点点费用，你的学习曲线就会突然陡起来。跟苏格拉底一样，如果你立即接受你是无知的，而且什么也不清楚的事实，如果你闭上自己的嘴，那你的学习曲线也会急速上升。

他放掉了那条大马哈鱼之后，我带着谦让接过了登尼斯递过来的渔竿。学生而不是教练的失败在于：我一早晨都在听他讲一些事项，但根本就没有听进去。尽管他反复告诉我要朝上游一点儿的方向抛竿，而且早早做些修补，或者要投两次，但是，我一直还是照老习惯在做，所钓的地方水柱太高，因此使假饵错过了鱼。我们治疗医生称此为拒绝帮助的抵抗心理。我猜钓鱼向导称此为麻木愚蠢。

但我现在成了一个学生。

我现在在用心听了。

而且，是的，我也开始钓到大马哈鱼了：很大，很有力，极漂亮的大马哈鱼，钓鱼的人一向低估它们。它们并没有放弃挣扎，并不会束手就擒，不会被你轻易拖到浅水区来。我钓到了很多很多的大马哈鱼，真想教教你如何钓到这些大马哈鱼。

用假饵钓鱼最好低调点，谨慎点，一不留神你的尾巴就要翘到天上去了。

日记一则：圣诞岛

第一天。上午5点20分。喝咖啡的时间。盼望的时刻终于过去了，到了钓鱼的时候了。今天实际是11月19日。你跨过日期变更线，从火奴鲁鲁飞到圣诞岛，然后再飞越日期变更线飞回火奴鲁鲁。因此，如果你今天在2000年的新年之夜，然后在早晨飞往火奴鲁鲁，你可以参加两次新年之夜的联欢会，这对我来说真是太多了。

如果你在今年，即2000年的1月1日的早晨去圣诞岛钓鱼，那你一定是看到21世纪的第一次日出的头一批人类之一，圣诞岛是阳光最先照射到大地上的地方。新世纪，第一次日出，第一次钓到鱼，第一条北梭鱼……还有什么比这更好的事情吗？

晚间笔记。圣诞岛是个奇怪的地方。你会遇到极好的一些人。你会见到你上次看见的人。你会遇到新人。我们昨天下午飞到这里，准备好了渔竿，抓住一份小吃，然后就上了平板船。跑道上停着一架“湾流”喷气机，上面写着“NJ－1”，就用油漆喷在机身上。结果发现“NJ－1”代表杰克·尼可拉斯。他从香港飞来这里钓一天的鱼，也让他的飞行员休息一天。他跟我们一起喝了酒，然后在晚餐后飞走了。他钓到了十一条北梭鱼。对一个只会打打高尔夫球的人来说，这个成绩算相当不错。我跟他握了手。结果发现他的手比一位巨人的手小得多。是个极友善的人。

第二天。四分之三的月亮。今天极适合钓鱼。杰克·尼可拉斯昨天钓了十一条北梭鱼，我今天钓到了十四条。我在想，跟高尔夫的要求不一样，有时候我数数，有时候不数。我们今天的向导是西蒙·柯里，他昨天为尼可拉斯当向导。西蒙说，尼可拉斯喜欢自己钓鱼，“投竿投得不错”。想象一下吧。

平板船上有乌云罩住，因此很难看到鱼，尤其是对我。尽管用假饵挨着了几条北梭鱼的头，钓住了，还用极差的抛竿技术吓得它们飞跑。钩上得也不好，断了一些，还有其他类型的错误，但是，我今天还是钓到了鱼，比杰克·尼可拉斯昨天钓到的还要多。想象一下吧。

第三天。日落之后坐在旅馆旁边的海滩上。微风从太平洋吹过来。又大又漂亮的毛茸茸的太平洋的云层飘过来，头上是一轮满月。

月亮总是和北梭鱼一起走的，跟潮流和头衔是一样的。

不久之后，大北梭鱼就会奔“巴黎渔船”而来。人人都等着当月最大的潮汐，也等着最大的鱼群到来。我们会蹚到深水区，会把厚重的铅眼“疯子查理”假饵投向它们。那些鱼有可能长达二十五英寸，也许三十英寸，也许创了纪录。期盼又期盼。

今天看到很多鱼，钓了一大串，接连跑了五条，都是在尖利的珊瑚礁边，它们从钓鱼船上跑走，一直潜入深海。一整天渔竿都是弯的。坐在船上看到自己的朋友紧盯着一条鱼，看着他的黑色渔竿在赤道的绿蓝色天空下弯出一道弧形来，没有比这更美好的事情了。这个时候，你的心里会有歌声冒出来。

如果你一生只度过这样的一天也算是走运的。多半你也在忍受那种金钱导向、快节奏的生活给你带来的神经衰弱，像今天这样的一天会让你看到一线希望，度过任何艰难困苦的一天的希望；像今天这样的一天对于人的心灵的作用远胜医药的作用。

明天我们就要去钓大北梭鱼了。他们说要让你的饰物承受十五磅的重量，要带上额外的支架、额外的渔线、额外的渔竿。也许这一切不过是哄人的把戏。也许这一切只是鱼话。但一切也许都是真的。比钓鱼更好的唯一的一件事情是期盼着钓鱼。明天……明天。

只要做得合适，钓鱼与其说是一项体育运动，倒不如说是一种生活方式。

愚人山

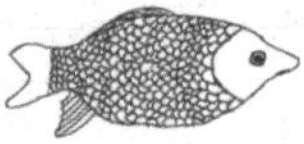

在我长大成人的过程当中，母亲有一句老话："听我说，不要再爬愚人山了。"但我还是爬了愚人山，爬了很多次，竟然留下了一条小径。哪怕在今天，我有时候还是会被吸引到愚人山，但这个山看上去还不是很陡，还没有到令我喘气的程度。

我爬愚人山留下了足迹的主要是因为我是在南加州次文化中长大的，在那个地方，很酷的人不会问问题。问问题是傻子才干的事情。问题问得越多，你就越傻。

在不同的山上留下的其他一些小径当中，有很多都是值得留下的，因为多年以来，我一直情愿在陌生的城市里迷路（但保持自己很酷）。很酷的人知道，宁可迷六个小时的路也不要问路，因而不会使自己的骄傲感减少六秒钟。真正酷的人宁可终生迷路。

接着有一天，也是在许多许多年以前，一个钓鱼的人走到了我的营帐里。

“你能够教我如何打三重的手术结吗？”那个陌生人问。很明显，他是个傻瓜，他来到我的营火边的时候还带着几根鱼导线。

“那当然，”我说，“很高兴。”酷人法则说，教傻子没有问题，只要你不要请一个傻子来教你就行。

因为我很酷，也从来没有问过任何人，因此我从一本体育杂志的插图中学会了打三重手术结。结果，在约差不多四分之一世纪的时间里，我打的一直都是错误的三重手术结。在这二十多年当中，有数以千计热爱自由的鱼们拆散了这个结，因为我一直坚持在那座特别的愚人山前挖一条战壕。

但是，在这个陌生人问我如何打这个结之前的约一年，我的一位当医生的朋友告诉我如何正确地打手术三重结。因为我向来很酷，因此并没有请教他如何打这个三重结。他不过是主动教我罢了。酷人法则说，你可以如此这般接受一件礼物，但你的表现必须是看起来你已经知道如何做了，而这样的表现正好就是我能够轻易装出来的，我的头轻轻一点，然后轻轻说一声，“哦”。

人的前额上有一处平坦的地方并不是没有道理的。这是在你发现自己有多蠢的时候，用自己的手掌来猛力拍击前额的地方。我的前额上有很大一块平平的地方，因为多年的手掌拍击而更平一些了。最后，因为已经学会了如何正确地打出手术三重结，因此产生了一股强烈的冲动，希望能够照着那块平地重拍几下，但我压抑住了这股冲动，直到当天晚上灯都灭了，再也没有人看见我的时候才释放出来。

“那是什么响声？”已经一片漆黑的帐篷外传来一个声音。

“很大一只蚊子，”我回答说，“真的很大。”

酷人永远也不能够承认自己曾经很愚蠢。

我请那位陌生人坐在我旁边，慢慢让他看如何打结。做了三次，半分钟的教练，他完全掌握了。

“谢谢，”他开怀大笑着说，“我一直想学这个结。这趟我没有钓到很多鱼，但我现在学会了永远也不会忘记的东西。再次谢谢。”他一下子就消失在夜幕中，睡了一个香甜愚蠢的愚人觉。

我也学会了一些东西。没有提前一分钟。

狂热的约会

“你去哪里？”

“外面。”

“多久？”

“一个小时，也许更长时间。”

“吃午饭吗？”

“也许吧。”

“肯定。”

里塔是位秘书，掌握我们这些办公室的奴隶的去向，她傻笑起来。“我两点钟要你们回来。你有什么特别的谎言需要我来利用吗？”

“没有，”我说，“我把这个任务交给你。”我看了看手表。时间：十一点五十五分。

你觉得，当你离开家的时候，你会离开自己的母亲。并非如此。他们在秘书学校教授内疚感应课程。里塔，愿上帝保佑她，在这门课程当中得了一个优秀。“祝午饭胃口好。”她说，就好像我是去进行某种秘密勾当，从而会使我成为某种丑闻传单上第一页的新闻人物一样。

里塔如何知道我有一个狂热的约会的？是我脸上的笑吗？是我看手表的时候太鬼鬼祟祟的样子吗？

嗯，我当然是准备采取一点儿行动的。毕竟，对我这样年龄的人来说，采取一点点行动是再好不过的事情。但为什么要告诉里塔我准备见什么人去呢？让她的想象力展开翅膀飞翔吧。让她去想象我这样一个中年古董如何度过中午吃饭的时光吧。

我开车穿过城市，我说服自己，一个人需要不时干点疯狂的事情，否则，生活会变成一块豆腐。我连过了四个绿灯，悄悄来到一个空着的停车场。时间：十二点零二分。

没有人在这里，太好了。没有证人。在我上面，在上面的城市里，我可以看到狂乱的人群。卡车和小车在桥面上爬行，大桥在河上高高地支撑着。蒸汽从高楼大厦的热水管里流出来。我能听到号角声，一声汽笛。

但在这里，在河边，也就是这个城市两百英尺的下面，一切都那么安详。并不是绝对的安静，但比较我最喜欢的餐馆来说，这里可谓是一处名副其实的坟墓。我钻出汽车，脱掉外衣，穿上了一件保暖夹克。这是十一月份，天很冷，但天气极好。一阵微风从河谷吹来。这个地点太绝了。很冷，但完美。

哪怕在停车场上我也能够看到清澈的河水。肯定会很冷，但不是太冷。水要是太冷，鳟鱼不会吃食。我把领带扎好，但让它多少还在原位。我一生第一次愿意穿着棉衬衣和丝质领带钓鱼。相当怪。如果我掉了下去，老天请帮我。

我很快接好了五节渔竿，挂上渔线，在导线上挂好了豆一样大小的黄色软木钢头鱼形的浮子，然后用折断的牙签将它拨到位，让约四英寸的导线挂在软木塞以下的地方。然后我绑上8号兔耳假饵，那是很好的一种冬季水泽仙女，什么时候都能够用的。如果我的约会对象出现了，她不会拒绝的。

我不能够肯定她（他）会出现。我从数处可靠来源得知这条河里有鳟鱼。我在二十年前来这条河里钓过一些很好的鱼。但在当时，这条河污染严重，没有人会来这里好好地钓鱼，有故事说，如果你吃这条河里钓起来的鱼，可以直接去医院。

但现在，事情已经不一样了。这条河已经很干净了。倒垃圾的人不再谋杀这条河了。河又恢复了当初的样子。需要不时地清捡（汽车轮胎、淋浴鞋、啤酒罐等东西），但是，河已经恢复了原来的模样了。鱼也是一样——大部分是棕鱼和虹鳟鱼。

我戴上一顶保暖帽顺着石头往下爬。我上次钓过鱼的那个洞现在全都是我的了，这也令我欢喜。头上有二十五万人，其中一半在拥挤的餐馆里等着进食，而我却是一个人，我在一个宽阔且深的漩涡处忙碌着。

这个地方的水流比我想象的快得多，我在心里记下了一件事情，下次一定要带一件涉水的东西来。我站立不稳，摇晃着往下爬，借着黄色的灯光往前走，在很大的一块圆形巨石上涉水而过。河水只在齐膝深的地方流过，然后投下了第一竿。

我没有在兔耳上加坠子，因此，当那黄色的东西在朝靠近我的这一边扫动的时候，我怀疑自己是否抛到了足够的深度。再投几竿之后，我会加上一些铅。因为渔竿抛得不好，我意识到自己的笨拙是因为极想钓到第一条鱼的毛病。自从许多年前钓到第一条虹鳟鱼以来，这个毛病就一直在毁坏我的注意力。这也是我喜欢钓鱼的原因。时间：十二点十八分。

第三竿的时候，事情发生了。有时候，虹鳟鱼咬假饵非常轻，非常微妙，几乎使人发现不了。在水流冲刷的渔线与浮子的摆动之间只有很短一个时间的停顿。为了教人如何辨认这样的差别，我经常发出这样的指令：如果看起来好玩，赶快拉钩！

这次咬钩确凿无误。黄色软木塞浮子漂到一半的时候在水流中朝相反的方向猛力扯动。我是有经验的鳟鱼手，因此眨了眨眼睛，吸入一点儿空气，心狂跳了一会儿，暂停一下，大约在一秒之后（从午饭时间真正出现的一次心脏病发作中恢复过来），我抬起了渔竿的前端。

足够了。那条鳟鱼反着渔竿向前冲，使渔竿形成一条极漂亮的弧线。它挣扎了一下子，然后冲出水面，跃入空中。鳟鱼又跳了几下，再跳。

跳了好多次以后，经过在水中的数次挣扎，那条鱼很快被我捉住了。我用大拇指和中指丈量了一下，发现这条鳟鱼在十六到十七英寸之间。我取下钩，让鱼休息了一会儿，然后看着它游回水里。“我们会再进午餐的，”我说，“不，不，我请客。”时间：十二点二十三分。

在接下来的几分钟里，黄色软木塞又沉下去三次。三次都被我错过了。接下来的几十次抛竿都没有得到任何东西。我看看自己带来的假饵，注意到鞭毛已经用得差不多了，钩后面拖着一根线，假蝇也松了。我换上了马德勒明诺饵，加了很重的坠子，然后将软木塞朝上移动一些。

唰！这次咬钩又是正确无误的。

这次又是一条大鱼。它立即朝流水里转身，并想跑掉。感觉起来就好像是一条小虹鳟鱼。渔线开始呼呼放了，我希望这条鱼能够让我用上支架。

第二条虹鳟鱼量出来有十八英寸左右长，跟第一条一样，它有强壮的身材，极漂亮。我立即放了它。两条鱼都有鲜红色条纹，像宽约三十五毫米的电影胶卷。

时间：十二点五十七分。到了离开的时候了。

虽然极想留下来继续投竿，但是，由我父母在我儿童时期确立的内疚感仍然在起作用——多年以来我一直想克服掉这种内疚感。

我从河边爬上来，收了渔竿的线，看看四周是否有人看到我。周围没有人。我刚刚跟两个而不是一个强壮的美人进行了一番稍稍有些危险，但令人身心愉快的调情活动。令人鼓舞!

“我的天，我们的脸都红了。”里塔说，脸上露出会心的一笑，此时，我于一点十五分回到办公室。“午饭吃得好吧？”

“忘了吃，”我说，“太忙。”

“忘了吃，呃？嗯，你还忘了扎好领带。”里塔草草看了我一眼，寻找更多的证据好往那个谣言机里添佐料，“我还指望你要到两点才回来的。”

“没想到一下子就完事了，”我说，“你知道年纪大的人一般都是这样的。”

里塔的眼睛都稍稍有些鼓了出来。

我大摇大摆地贴近她的椅子边上，靠近她的耳边，这样，别人就听不到我说什么了。“你知道吧，里塔，”我说，“另外来一次小小的行动对我这样年纪的人极好。让你感到再次年轻。事实上，感觉起来真是好极了，我决定从现在起每周来一次。也许一周两次。如果我稍晚一点点，你不在意为我掩护一下吧？你不会在意的。至少这种事情你知我知就行了，好不好？怎么样？”

然后，我伸手过去轻轻抬起里塔的下巴，直到她的嘴合上为止。

如果把钓鱼简单归类为一种运动的话，那么随便有关哪种运动项目的书都绝对会比钓鱼的书多。

接近真相

我的朋友保尔·沃特靠当司法心理学家为生。他花很多时间来研究是谁在说假话，谁没有说假话，诸如在谋杀、强奸、儿童监护权斗争、家庭暴力案、性骚扰声明和人类行为的其他令人失望的领域中。因为他的大部分职业生涯都是在司法系统当中度过的，因此他说，任何人，如果想要寻找全部的事实真相，而且唯真相论的话，最后一个地方就是去法院。

如果从一位渔者那里探求真相，而且唯真相论，那么，其难度就如同从一个精神病那里探求真理一样难，尤其是当这个真相跟一个人最喜欢的钓鱼地点相关的时候。

我知道这肯定是真实的，因为有一两次我自己也没有讲出全部的真相。数年以前，有个人问我是在哪里钓到两条极漂亮的虹鳟鱼的。我告诉他说："在斯奈克河。"这是真话，但不是全部的真相。斯奈克河全长一千五百英里。

所有的钓鱼人都寻找、侦寻、探索、询问、打听、质询其他的钓鱼人，看看他们有什么样的钓鱼诀窍。因为没有钓鱼诀窍，钓鱼就远比实际需要的更辛苦。但是，找到准确的位置和方向却需要特别的询问技巧，包括哪怕不名誉和暗中的手法，比如在寻找浅滩、礁石、溪流、湖底结构、河流、池塘、养鱼场、隐藏的储罐和其他有鱼的地方的时候。

我有自己的一套方法从别的钓鱼人那里慢慢获取新的钓鱼地点，但是，对此我也不是特别在行。我通常必须放弃我自己的一个喜爱之地才能换得一处新的场所，有时候也会忙中出错，给自己引来一身的问题。

我是研究人类行为的人，见识过很多鉴别真理的绝妙技巧，它根本不需要生理上受到什么折磨。就我所知，在这些索取真相的方法当中，没有一个是格外犯了什么法的。其中之一来自牙科学，其一来自医学，另外一个来自司法专业。

我的牙医知道我是个钓鱼人，也知道如何轻易就索取出真相。他按下列三个步骤开始每一个程序：（1）"你好。你一直很好吗？"（2）他请助手拿出大针筒来，然后拿到我跟前看。（3）"你最近在哪里钓鱼？"我从来不对自己的牙医撒谎。

我的一个律师朋友总是在替别人打官司的时候询问钓鱼信息。为了保护他的隐私，也为了捍卫他的职业名声，我只是称他为杰里·卡特莱特。为起诉他的客户之一的原告录取证词的时候，他有可能按下述方式进行：

“据说，因为颈椎过度屈伸损伤，你再也不能够享受钓鱼之乐了，因为举着渔竿会使你感到颈椎和肩膀疼痛。是这样的吗？”

“是的。”

“这种情况是在投竿的时候发生的，还是在跟鱼搏斗的时候发生的？”

“两者都有。”原告回答说。

“需要多大的鱼才能够引起你的疼痛？”

原告看着自己的律师问：“我必须回答这个问题吗？”他的律师耸耸肩膀，然后点头。

“任何尺寸的鱼，但大鱼最疼。”

“鳟鱼吗？”

“是啊，很大的虹鳟鱼。”

“我明白了，”杰里说，“严格地说，你在什么地方会钓到这种极大的、会引起疼痛的虹鳟鱼？”

原告还没有来得及考虑自己的答案，杰里马上就补充说：

“先生，请听我说，你刚才可是宣过誓的……”

我有个熟人，是一位心脏外科医生，他从钓鱼者嘴里撬出真相的本领才真是叫绝。这位外科医生在确保他的病人的确掌握了某些秘密钓鱼地点后，他是这么开始的：

“听我说，琼斯先生，”他全身穿着手术服，隔着外科手术口罩，右手拿着一把刀子说，“这位麻醉师即将注入我们所谓的愉快气体，可以让你安睡。手术当中你什么都不会感觉到。然后，我们会谈一谈。”

病人眼睛瞪得大如茶碟，点头表示明白。外科医生继续说：“哦，你还记得我问过关于你家农场里的鲈鱼塘的事情吗？”

麻醉师已经摆好姿势准备戴上麻醉口罩了，因此病人嘴里含着管子尽量做出微笑的样子。

“我当然想抽空去那里钓一次鱼。”

病人开始不停地点头。

这名外科医生转身对护士说：“请记下这位病人邀请我们去钓鲈鱼的事情。”

利用职业关系强取钓鱼邀请有违医疗卫生工作者的职业道德。作为一名初出茅庐的年轻的心理学家，我最近收了一名刚刚入院的病人。第一次进行诊疗的时候，我得知他父亲拥有很大一片牧场，里面有极好的鳟鱼私人垂钓活动，而且我的病人问我难道不想哪天抽空去试试。诊疗完毕之后，我急忙冲到主任那里去，向他宣布了这个消息，因为他也是个钓鱼爱好者。他严肃地对我说：“想都不要想这样的事情。”

为了确保我明白了他的意思，他放低声音重复一次：“想都不要想。”

这只能使我更想这件事。

但只想了三年或者四年。

我极力赞成观赏运动，尤其是电视上的。这使很多地痞流氓远离鳟鱼垂钓之地。

吉姆的鱼窝

除了我和吉姆之外，其他人对于吉姆的鱼窝一无所知。你在任何地图上都找不到这么一个地方。在清澈明亮的河流之上，你找不到任何一个标志物来指示这么一个狭长的水湾，因为吉姆的鱼窝从峡谷的一侧跨河到了另一侧，整片水域都是。这片水域有很长的一个拖尾，其最远端平稳地跨过水域，到达光滑陡峭的岩壁，保持了极好的水量，供野生鳟鱼在此成长。吉姆的鱼窝就是吉姆的鱼窝，因为我和吉姆就是这么称呼它的。

就我所知，你知道吉姆的鱼窝就是彼德的浅滩，或哈里的渔场。或者说，由于宾·克罗斯比在很久远的年代以前曾在这条河里钓过鱼，因此也可以称为宾之鱼窝。这是北爱达荷州的一处极佳的去处，它无疑还有个名字叫内佩斯，是宾、你、我和我们之前及以后看到的人都不曾知道的。人类并没有真正拥有地球，他们只是租用其中的一小片，冠上自己的名字而已。

为一个地方命名必须知道它在什么地方，还要说明以后如何再次找到它。给一处地点命名就是要相信你拥有这个地方，如果不能够永久拥有，至少也要拥有一阵子吧。也许这就是我们给自己所爱的人取一些爱称，给自己的孩子加上我们自己的姓名，给最喜欢的钓鱼地取一个名字的原因。给事物取名有助于假定我们拥有权利、力量和特权，这是我们在现实世界里极少拥有的东西。

因为名字对我们如此重要，一位值得尊敬的治疗师要学习的第一件事情就是要问病人："你希望我称呼你什么？"病人的答案必须受到尊重。为了缓和第一次见面的诊疗当中有可能出现的紧张气氛，我经常利用这么一个开场白："这么说，你希望我称呼你为比尔？"病人点头。"很好，"我笑着说，"那你就称我为昆内特医生吧。"这总会引发一阵大笑，这常常有助于减缓在心理治疗中形成的、时常令人不快的权利之差。

因为文字能够伤人，给某人一个恶名就是一种形式的攻击。跟树上的树枝一样，有些名字会伴随着你，永远难以去掉，这是我们小时候不喜欢自己的诨名的原因。我哥哥很瘦，因此他有个名字叫“骨头”。因为我也瘦，而且比他小不到一岁，我有段时间的诨号叫“小骨头”。但是，最后一个称我“小骨头”的孩子鼻头上挨了一下子，自那以后我的名字就改叫保尔了。

如果说我们不喜欢自己小时候的诨名，长大以后这些名字有时候为人所遗忘，并且永久性地留在了身后，对此我们心存感激。我为病人诊疗的时候，经常会问他们小时候是否有个诨号。其中许多人都有。在某些情况下，他们活着不仅仅是要逃避这些名字，而且还要擦掉它。知道某人的名字，而且能够正确地发出这个名字的音是一种尊敬的表示。

如果你想知道名字对人有多么重要，你可以故意喊错一个小孩子、朋友或情人的名字。第一次你会得到原谅，第二次你会被纠正，第三次你会受到惩罚。

温德尔·贝利说，如果不知道你是哪里人，那就很难知道你是谁。我们的生活是通过我们生活的地名产生意义的。据说，乔治王时代的人躺在寿床上说，当他们死去的时候，他们不想去天堂，而是要去亚特兰大。在我们的自我心理学当中，我们需要这种名字的维系，需要这种与我们所在的大地之间的联结和羁绊。我们需要扶手回到一种地域感、家族感、种族感、宗教感或者正义感当中去。没有这些东西，我们要解释自身不是非常困难吗？没有这些东西，我们极有可能成为太空垃圾。

一位朋友的女儿和女婿在一次汽车事故当中惨死。当可怕的悲伤开始减轻一些后，我的朋友突然间开始在他的小农场上给一些东西取名了。他称自己的约翰迪雷拖拉机为“赫比”。他称一只走失的虎斑猫为“哭丧鬼”。他称后园的一片白杨林为“教堂”，他女儿生前常在那个地方玩。给一些旧东西和地点重新取一个名字，看起来他就能够弥补一些损失了。

给一片最喜欢的钓鱼浅滩或者鱼塘取一个名字，这只需要一个人动脑筋想一想，然后大声念出来就行了，然后，另外一个人就可以使用它了。这个名字有朝一日可能出现在地图上，但是，大多数情况下，这个名字会活在这个取名活动发生时在场的那些人中间。当然，很难改变像“吊死鬼谷”“玛丽的奶头”或者“血腥迪克溪”这样一些名字，这些都是西部真正的地名，我常去那边钓鱼。

“这个鱼窝是我的！”吉姆那天一连钓到十条野生鳟鱼的时候大声宣布，“从现在起，这片水域将以吉姆的鱼窝命名。”

我并没有想到要与他争论。除此之外我也不想事情以别的方式结束。

关照与培养新手

我八岁那年，父亲想不带我出去钓鳟鱼。“对不起，保尔。”他说，“你太小了，这次不能够带你去。我们要在外面过夜。”我的哭闹是出了名的，因此想办法缠住老家伙。十分钟后，他假装叹了一口气：“好吧。如果你把玫瑰园的杂草除尽，我想那就可以证明你已经长大可以出去了。”一个小时后，玫瑰园已经准备好能够进行摄影，可以登上《更好的家与园林》杂志了。

每一个钓鱼营都需要一个小孩子。他是个急切的学徒，是一个初学者，一个新手，一个新信徒。约翰·韦恩称他们为朝香客。我喜欢用“新手”这个词。

新手可以是任何年龄或者性别的人，但是，年轻比年老好，强壮比瘦弱好。如果你的新手学得很慢，这算不得什么障碍。唯一的要求就是必须有强烈的钓鱼欲望，最好能够轻信胡吹乱侃。这样一来，老手就可以把在小溪里钓到的鳟鱼的重量加大几磅，他们连眉头都不会皱一下，更不会引起怀疑。

新手会为户外的体会增添很多内容。野外露营钓鱼的时候，如果没有人学，哪里会有人教呢？另外，如果你不教新手，那就意味着你在做太多的负重工作，在亲自拔除玫瑰园的杂草。

好的钓鱼营地要求至少有一名新手。两名最好。搭帐篷、砍乱草、劈柴码柴、煮饭、做清洁，所有这些工作都是新手必须有的体验。在寒冷的春天，如果钓到了五十条鲈鱼，教新手学会如何将第一条切成薄片，并且解释说一个老手可在不到一小时的时间里全部切完，新手会将你推到一边，大喊一声：“嘿，我来试试！”仅仅看着这些新手如此忘情地工作都会使你浑身暖融融的。

当然，应该为新手买一根渔竿和线轴，但是，有心计的店主会记住这个新手的生日，会提醒他带上像斧子、冰钻、钓鱼刀、背包架、皮工作手套、助行气泵、油石和其他一些基本装备，这样就完成了全套的教学装备，同时还要确保老手在露营时必须有的奢侈品。

假如最近不知道如何应付一名少年，那我可以告诉你，少年是最好的新手。他们唯一的麻烦在于，他们有一个很坏的毛病，他们会一直成长，最后他们自己也变成了老手，此时，他们的可利用性就直线下降了。

多年以前的一天早晨，我带的三个新手当中的最后一个说："老爸，我注意到我在这里清洗所有这些鱼的时候，你却在船上故意糊弄些什么东西混时间。我说得对不对？"

这个特别的新手刚刚过了十七岁，他现在明白了我教他学习如何剥生鱼片的把戏，而这意味着我得自己清洗抓到的鱼了。另一方面，他正迷上"为何不自己开皮卡"的新手开场白，因此，仍然可以指望他平安地将我们送回家，同时我也可以呼呼小睡一下。

如果你关心和培养新手，有朝一日，这个新手也会关心和呵护你。我父亲是位优秀的护林员，也是极好的儿童心理学家，他通晓所有新手的心理。

"如果你愿意，一定能够把所有的生火柴都找到。"他在钓鱼营中常这么说，"但是，这么做需要一个人的肌肉非常发达。"

或者说"我不会让你清洗这些鱼的，除非有朝一日你想自己也拥有一把刀，而且需要学习如何使用这些刀具"。

或者他编得最好的："对不起，保尔，你太小了，这次不能够带你去钓鱼了。我们要在外面过夜。"

我不了解别人，但是，我指望自己的孩子们有朝一日能够生产一些孙子辈的新手。如果稍微有一点点运气，我就再也不用自己剥生鲈鱼片了。

你在想，你是否是一位合格的老手？

你当然会怀疑的。

老手不过是任何性别的一名新手，只不过多花了一些时间做户外运动罢了。“看见一个，做一个，教一个”，这就是老手的座右铭。

你没有给自己配一个新手学徒？

当然没有。

请记住，涉及新手的规格、性别、年龄、种族，还有血亲关系都不重要，这个国家有数百万孩子极想到旷野户外钓鱼或者露营、远足、打猎，新手的供应几乎是源源不断的。仅在你家隔壁可能就有很多，如果没有，那么，你们城里的“兄弟姐妹会”里会有很长的一个申请单子等着。

他们在等待你打电话过去。

先走一步

人们有时候会奇怪——我本人有时候也弄不清楚——我有那么多的工作要做，在哪里找到时间去钓鱼的？我的确有很多事情要做。一般来说，我每年有忙碌的家庭生活要过、要飞数千英里、要讲话、要写几十篇文章、要编专栏、要讲故事、要写半本书、要看望病人、要举办全国性的学术会、要开办一家小诊所，还要在户外度过不少于八十个整天或半天的时间。每日变成周，每周变成月，每月变成年，不久之后，我就会死掉，死了也白死，没有谁会特别在意的。

这也没有什么关系。

同时，我过着丰富和快乐的生活。

丰富和快乐的生活就是我所追求的东西，重点在快乐上面。查理·卓别林说了一句正确的话："一天没有大笑，一天就是浪费掉了。"我要加上这么一句："一天没有阅读，一天没有学习，一天没有所得，一天没有写作，一天没有爱，一天没有奉献，一天没有美好的一餐，一天没有钓到一条鱼，一天就可以说是浪费了。"

因为不喜欢浪费时间，我从来都不浪费时间。不浪费时间是一个久远久远的习惯，这个习惯可以追溯到当报童的时代，甚至更早到我小时候拾杂交草莓的时代，当时，捡一垅才二十五美分。如果你捡得慢，你就赚不到钱，甚至还会被赶走。我跟一个名叫耶西斯·桑谢的小孩子打起来了，因此一辈子第一次也是最后一次被辞了工。"帕布罗给炒了，帕布罗给炒了！"声音在草莓田里高唱，既好玩又合拍，而我却低着头羞愧地走远了。

捡草莓的教训？这个世界不需要手脚慢的懒汉和屡犯错误的人。如果你不知道草莓必须到时采摘，必须在大太阳出来之前很快采摘，这个世界就会找到一个明白这个道理的人。捡草莓教我懂得按规矩办事，但是，鸡却教会了我讲效率。

十四岁的时候，我在一家小型私营养鸡场工作，是从我哥哥那里接手的一份工作。我是别人花钱请去工作的。没有哪份工作比照看小鸡更脏的，我这么说的时候，心中怀着对散文家E.B.怀特先生的十分的歉意，因为他曾就饲养这种愚蠢、讨厌、毫无诚信、蹦蹦跳跳、嗜血、肮脏、不合逻辑和无目标的小东西写过一些极富田园意味的美妙文章，说养这些小东西如何如何令人愉快。而根据我较为成熟的看法，这些东西存在的目的就是为摊蛋饼提供鸡蛋，为锅里提供食物，为鳟鱼、大马哈鱼假饵和海产饵提供色彩明亮的羽毛。

我对鸡的态度不无道理——是一些难以磨灭的情感上的理由，在四十多年时间里都没有改变一点点。毕竟，我年轻时代最好的三年时光是在那里撮鸡粪度过的，我得把鸡屎铺开，我要呼吸鸡屎的气味，上学的时候鞋子上还沾着鸡屎。这里还不谈被鸡啄得血糊糊的，被鸡又抓又耙弄得灰头灰脸的，而且还经常受这些毫无智慧可言的小杂种们的气，因为在我打开鸡笼而又没有被它们及时辨认出来的时候，这数十只受了惊的白痴动物会猛地飞入空中，把整个鸡笼弄得鸡屎横飞，干粪满场，连人的鼻子里层都是鸡屎。除非你感冒了，此时无法通过鼻子呼吸，否则，你就被迫吃鸡屎，结果会导致在你的嘴唇周围留下特征明显的一圈黄色，跟斯尼克棒糖留下的印迹差不太远，但味道却有天壤之别。禽类是有毒的。从全球范围来说，它们的数量比人类多，几乎是四比一。山德士上校发明肯德基炸鸡对鸡们来说可能是一场飞来横祸，但对我来说，这位上校是一位神仙，他处在忘忧山的顶端。根据这种恶劣的个人体验，我可以带着相当程度的权威说，唯一的一只好鸡就是在烧烤时吱吱作响的那只。

尽管如此，我仍然欠鸡一大笔债。因为对鸡痛恨至极，加之极希望在晚上六点之前早早结束鸡营生，因此，鸡教会了我如何以极高的效率工作。我越是早早地结束喂食喂水的活儿，每天下午放学后越是早早地收捡鸡蛋，我就越是能够早早去米勒鱼塘，那是离养鸡场只有半英里远的一处小鲈鱼和太阳鱼的存储地。

因为钓鱼已经成为一个积极的促进因素，而鸡则成了有极大负面影响的因素。我长出了足够强劲的肌肉，五十磅的鸡饲料我跟扔羽毛枕头一样抛起来；用手推车一次推两袋饲料，跟玩似的；铲起大堆的鸡屎速度快极，就跟巴斯特·基顿的电影里铲蛇的那个小伙子一样。我学会了用一种方式担水，用另一种方式捣碎。我把日程安排调整得好好的，一次做两件事情。有时候我一次做三件事情。我学会了不要浪费一个步骤、一个动作或一分钟。我学会了工作的唯一方式就是出汗的时候，在三年时间里，我从来都没有停止出汗。由于从来还没有人领走这个名号，我就成了“世界最有效率的养鸡人”。

我刚刚接手放学后的养鸡工作时，需要花四个小时才能够完成一天的活。在十八个月的时间里，我把养鸡的杂事缩短到了一小时三十三分。我一个小时可得1.25美元，但由于老板并不在场，我就动了一点点手脚，把养鸡时间说成整整四个小时，因此使我的小时工资增长了三倍。老板是个利用童工的人，他曾经一连让我工作了二百九十七天，包括每个星期六和星期天。因此，我也耍了他，一个小时赚到了3.75美元。他得到了很好、彻底和负责任的工作，而我则按照我一个孩子的心态觉得扯平了。最后，那个养鸡场为我的职业道德抹上了极好的润滑油。

AOG代表“先走一步”。美国陆军教会我使用摩尔斯电码。嘀和嗒是通过耳机传到你耳朵里面的，而且要传达到你的指尖与打字机的键盘上。嘀嗒（一短一长）代表A，嗒嘀嘀嘀（一长三短）代表B，就这样一直到所有的字母和数字。这些符号你都必须记住，注意倾听，而且要打出来。如果你学会了这种耳—脑—指的游戏，而且速度比你的同学更快，你就超出班上大部分人了。你先走了一步。

你这个星期得到AOG勋章后，就可以跳级到图书馆去读真正的军事史了，或者去快餐店抽烟混时间。这跟去米勒鱼塘钓一堆太阳鱼的奖赏无法相比，但是，那比让摩尔斯电码断断续续地轰击脑袋还是强得多。

军队跟养鸡场差不太多，也有很多很多的鸡屎。我花了一个星期时间才想出来那些粪堆都在什么地方。我已经能够打字了，而背诵代码也极像养鸡。因此，第一次搭巴士去波士顿度周末的时候，我就开始教自己背诵摩尔斯电码了。我看着车玻璃，把下一个广告板上的字全都按摩尔斯电码读出来：嗒嗒嘀，嘀嗒，嘀嗒嘀，嘀嗒嘀嘀，嗒嘀嘀嘀，嗒嗒嗒，嘀嗒嘀，嗒嗒嗒：“万宝路。”然后，我又来读下一个。再下一个。

然后是餐馆的菜单。然后是街上的标志物，嗒嘀嘀嘀，嗒嗒嗒，嘀嘀嘀，嗒，嗒嗒嗒，嗒嘀，就这样，我的口袋里全都是“波士顿”。

接下来的那个星期，我“先走一步”。

再下个星期也是一样。

此后的每个星期都是如此，一直到第六个月军训结束的时候。我不仅掌握了很多军事史，而且还在班上以第一名的成绩毕业，我可以选择到世界上的任何一个间谍站去工作。我比班上的任何一个人聪明不到哪里去，可是，我只知道如何比别的人更快地铲鸡屎。

军队教会了我另一个关于效率和让时间为你工作的技术：不要等待别人来教你迟早都必须要学的东西。要自己教自己。你有可能学得很慢，但结束的时候你会很不错。

这些日子以来，很多人似乎都想先走一步，但是，他们当中有太多的人在等待别人教他们如何做到，或者希望别人带领他们走到期限的前面，或者他们期望别人抓住他们的手，同时让自己一步一步像婴儿一样走路。这样不行的，生活并不是一间有墙有屋顶、遮蔽风雨的工作地。

这并不是说授人以业就不重要，而只是说光靠教还不够。无论做什么，要想先人一步并不需要你特别聪明，但是，你必须每天到场，不要跟捡草莓的耶西斯打斗，而且要更努力地工作，更聪明地工作，超过别的人。你可以是为了生活而为某个人工作，但是，如果你从工作当中拿回家的仅仅是钱，那除了你自己以外，就不是任何人的错了。

在我有幸于生活当中玩过的几乎所有游戏当中，我都先走了一步，只有极少数几次意外。还是一个孩子的时候，我有幸遇到了辛勤工作的父母，他们让我看到了工作的性质和意义，也教会我明白，艰苦的工作不是一桩罪过，而是祝福。辛勤的工作给生活以意义。艰苦工作教会人明白价值，让我们有机会对社区有所回报。

由于品味过鸡屎的味道，我教自己明白了要有效率，要赶紧完成自己的事情。当然，我打破过一些东西，干砸了很多工作，一件事情没有弄清楚之前又开始了另一件事情，还把很多事情弄得乱七八糟。但至少我所犯的错误都很快。我的意思是说，如果你将要把某些事情弄砸，那为什么要慢慢地弄砸呢？你在这里节省下一秒钟，在那里救回一分钟，一个小时——我的天，不久之后，你就可以节省下整整一周来钓鱼了。

不幸的是，大脑永远也不会忘记痛苦的经历。因此，钓鱼的人必须再次受苦，必须反复体验丢了大鱼的深切的失望。

爱的故事

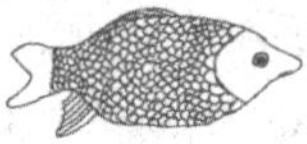

我从一位日本钓鱼朋友那里听说这么一个故事。故事很老，来自一位爱戴自己的父亲的日本钓鱼人的日记。

记日记的这个人得知他父亲将不久于人世，因此丢下城里的工作去他父亲的农场看望他。他发现父亲病得不轻，又老又脆弱，他看出死神就站在父亲的床前。他问自己能够为这个尊敬而又垂死的人做些什么。

这位老人年龄太大、太虚弱，无法爬过高山来到他年轻时代钓过鱼的小溪，因此请他儿子最后一次带他去那个小溪边，那里河水清澈，有很多野生鳟鱼，还有高高的松树。

这位年轻人给父亲穿好保暖的衣服，双手反抱住老人瘦瘦的双腿，背在身后爬过陡峭的山路，一直朝青翠的山上走去，他一路能够感觉到父亲的双手抱住他的脖子。因为事关重大，儿子的双腿充满力量。

在那么特别的一天，他们一起钓鱼，开怀大笑，垂死的老人钓到了一辈子的最后几条鳟鱼。他们从溪里打水沏好绿茶，用小杯子慢慢品茶，还用热炭烤那些小鱼吃。每咬一口老人都高兴得不行。

那天晚上又回到家里了，老人得到极大的满足，体验到很久以来都不曾体验过的平静。他的儿子抱他上床。当晚，老人睡得很香，到早晨来临的时候，他根本就懒得再起来了。

鳟鱼教会我的事

用假饵钓鳟鱼必须明白自然发挥作用的途径，而且必须成为自然的一部分，哪怕只是一阵子也好。如果你保持节奏，不用去年的假饵钓今年的鱼而把事情搞糟，那么，鳟鱼就会告诉你如何钓到它们。

但是，你必须坐下来，耐心一些，要掌握仔细观察和倾听的技巧。

你必须研究水面的情况——它的阴影和涟漪，还有水体上涨的地方和漩涡，上面的鱼跳动的形式和水底的鱼发出的微光。你甚至还有可能看到鳟鱼在水底为掠食而厮杀。

你必须观察鳟鱼吃掉昆虫的方式。你必须知道猎物是否在顺着水底的卵石朝岸边游动，或者明白它们的头部是不是贴着水面摸索，想钻出水面来，或者是从树上落下来掉进溪水里，也要明白鳟鱼的目标是不是已经出现在空中，慢慢地落在你的肩头上晒干它的双翅。或者说，那些毛翅目的昆虫是否已经花尽力气交配，看它们是否正在躺下，正在死亡或者已经死掉，收拢了双翅平躺在水面上。臭虫可能极小，你无法看到它们无助地浮在黑青色的水流中，也许它们在草蜢式的狂热鸣叫中展示自己的存在，让自己的发动机预热起来，准备从被太阳照暖的岩石间小心地逃命。研究这些小小的细节，鳟鱼就会教你如何钓到它们。

或者，如果你极想钓鱼，又没有我这样的耐心，那就再想一个办法，用你上次出来的时候使用的14号亚当氏假饵在溪水里狂钓，并且疯狂地甩竿。你所能得到的机会是有可能钓到鳟鱼。

但是，如果鳟鱼根本不理睬你，不要以盲目的固执使自己的无知更加彰显，反过来，你应该让自己的激情冷却下来，坐在河边有草的堤岸上，让自己的渔竿和伟大理想稍事休息。你可对水体再加研究，对空气和四周的声音先加以研究。看看自己的内心，同时看看体外的世界，鳟鱼会教你如何钓到它们，但它们还会教你更多的东西。

如果跟不好的朋友在一起钓不到好鱼，那么，跟良友在一起也不可能钓到很差的鱼。

善待鱼儿

对鱼儿要温柔一些。它们活在溪流、湖泊和河流以及大海里并不是要遭人骂的。如果你吃鱼，要很快和果断地杀死它们——就像你自己死的时候也希望来个痛快一样。

如果你放掉鱼，那就快快地放掉，温柔地对待它们，就好像你自己也想以这样的方式被人释放一样。

因为我们都是星尘构成之物，跟彼此一样在时空和宇宙里走过一遭，万不可没有体恤之心，万不可错待同行的旅客。

另外，万一上帝是一条鱼呢?

我们的父亲都去哪里了

我最近一个人去北爱达荷州的一条野生鳟鱼河钓了一次鱼，我看到一个男孩一个人在那里钓鱼。他正巧就在我准备去钓鱼的那个地方抛竿，但是，由于他已经涉水进了齐腰深的地方，我只好步行到下游去，并在我多年培植起来的一个鱼窝里开钓。不久之后，那个男孩就来到我身边。

“你怎么样？”他问。

“没有钓到多少。今天鱼的嘴都很刁。也许过一会儿吧。”

“我今天也什么都没有钓着，但我是新学的。”

我点头，同时不停地把灰色的16号假石蚕饵往对岸的一条小鳟鱼那边抛。鱼没有理睬我，但那个小孩子却不然。

“你怎么会那么抛竿的？”他问，声音里面有一种钦佩的口气，“我怎么都抛不远。我的线总在面前堆起来。”

世上乞丐各有各的讨法，他们都会提出自己无法解决的一些问题。有些人希望找到搭公共汽车回家的钱，有些人需要食物，有些人需要饮料，有些人希望得到一些指点。这个小孩子需要一些指点。也许还不止于此。我提醒自己注意一个古老的故事，说东方的统治者曾向一个年轻的乞丐提出一个难题，他要这个乞丐说出他的哪一只眼睛是玻璃眼，说对了就给他一枚硬币。那年轻人很快就回答说：“这很容易，阁下。我选择左边的那只！”统治者回答说：“真是令人惊奇！你如何这么快就知道了？”年轻回答说：“阁下，这很容易，我选择了里面有同情之光闪烁的那一只。”

因此我转身对这个年轻“乞丐”说：“让我看看你怎么投竿的。”

年轻人穿着便鞋，戴着垒球帽，还有眼镜，还有很长的弹簧一样的长发。他看上去更像是一个电脑迷而不是一个钓鱼人，他是，他的竿投得也不算很差，而且他的热情也是发自内心的。他只是犯了一个小小的错误——渔竿移动太快，渔线也没有装好。对此，我立即予以指点。那男孩学得很快。“嘻！”他看到自己的线抛到了很远的地方：“您做这个多长时间了？”

我看到一个急切的学生，也看到未来的一个怪人。那个男孩希望我检查一下他的渔竿和渔线。没有什么问题。他打开自己的假饵盒，说："我不知道用哪一种，我只是伸手往空中一抓，想找到一只相符的假饵。我只用假饵钓到过一条鳟鱼……是在一条湖中的小支流里钓到的。我极想再钓到这样一条，但我不知道如何才能够钓到。"

我想在自己的真眼里流露出一点点同情，因此我跟那个小伙子待了一会儿，告诉他那条河的一些事情，也讲了这种鳟鱼最喜欢吃哪种假饵，并从自己的盒子里给他拿了一些不可能弄错的假饵。我演示给他看，当鱼儿在浅层进食的时候，有时候可在横过水面，刚刚露出水面准备潜下去的打眼的小鱼那边试一试。那个小伙子很快地领悟了，就跟一条饥饿的小鱼一样。

到我该离开的时候，我跨过河往回走，那个小伙子却紧跟着我。一步都不离开。

"我觉得我也该走了，"他在我身后大声说，"也许再试一个地方。"然后他说，"我希望我父亲跟我一起钓鱼就好了。他过去也经常用假饵钓鱼的。他也会这样教我的。我们还能够一起玩玩。上次圣诞节，我甚至都为他买了一只新线轴，希望这会使他再想起钓鱼的事情来。但他一天到晚只想着工作。"

我们爬过河岸，来到放用具的地方，然后将渔竿放下了。有一阵子我们彼此对望，令人有些不自在。我再没有什么值得一说的事情了，但希望把他父亲叫到我办公室去谈半个小时的话。

“非常感谢，”那个男孩最后说，同时伸出手来做了一个正式的握手姿势，“我希望有朝一日再见到您。您教给我很多东西。”

“祝你好运，”我说，一边握着他的手，“你的竿已经投得不错了，是个不错的起点。你不久便会摸索到的。”

开车回家的时候，一个念头不停在我脑海里转动：人要当孤儿，你的父亲不必一定是死了。

星期一回到办公室后，邮件里面包括一个手写的便条，是一位职业妇女写来的，里面还有一首令人困惑的诗，是讲死亡和自杀的，是她十一岁的儿子写的。信封里面还有她儿子的两张彩色照片，一张是那个小男孩在小溪里涉水，另外一张是看上去像是一名职业钓鱼向导在为他演示如何放掉一条鳟鱼。两张照片当中，那个孩子看上去都不很高兴。

那位母亲的便条说：“我读过您写的书。我知道您能够帮助我儿子。他父亲对他漠不关心。您从这首诗里可以看出，他需要帮助。您能否来带他去钓一次鱼？”

我不能够。但是，我给她打了电话，并为她推荐了当地一位极好的儿童心理学家。这算不得什么，但那是我能够尽到的最大努力了。

几天之后，我路过一位年轻的钓鱼向导的家，因此顺便进去看看，他父亲几年之前去世了。我们谈到了生意，讲了几个钓鱼故事，并计划于早秋出去钓一次鱼。我离开的时候那个年轻人开了一个玩笑："我想跟一个年龄大点的人去钓鱼。我想我会接纳你为义父的。"

"非常乐意。"我说，也真有此打算。

除了少年时期有几年不听父亲的话以外，我一直还是很尊重父亲的。我很依赖他。我总听他的意见。我跟他一起去钓鱼。我造一处新房需要他的帮助时，他总能让承包商诚实一些，并帮助我盖上屋顶。拥有他就好像在自己面前设好一道防线一样。你可以泰然自若地前进，你知道有个了不起的家伙在前面摧毁了所有的对手，挖好了一些洞眼，让你顺着洞眼疾跑。因为他总在那里帮助我，时间太长了，因此我总以为别的每一个男孩子或者年轻人都拥有一个父亲可以依靠，可以学习。我错得离谱！

有一天夜晚，我和父亲在山中坐在营火前。我们花了整整一个白天的时间在北爱达荷州的清水河乡下寻找石榴石。我们吃完了晚饭，一直谈到深夜，讲的都是他的二战经历，讲他的生与死以及钓鱼的事情。当营火熄灭的时候，他说："在你的父亲死后，你知道在你与深沟之间再也没有任何东西存在了。我的父亲去世时，我才九岁，但是，每一个人都有这么一天，谁都拿这个事实一点儿办法也没有。人们只有自己明白，这一天终将到来，因此应该欣赏生活，从此时到永远。"

那条深沟就是无法索回和不可阻止的死亡，其他的一切都是心甘情愿的放弃。对一个孩子来说，死亡是一个孩子更容易接受的一种选择。至少在葬礼之后，你可以接纳一个新的父亲，也就是说，如果你能够找到一位的话。

有一天，我共事过的一位儿童心理学家跟一个想自杀的年轻人进行过一轮困难的谈话之后从办公室走了出来。这孩子的父亲刚刚宣布他要去另外一个城市，永远不再回来。那孩子离开候诊室的时候泪迹仍然挂在脸上。我的朋友跨步走进我的办公室。他进来之后就不再需要压抑自己的愤怒了，因此问道：“你觉得组织一个精神病医生治安维持会怎么样？下班之后我们可以戴上滑雪罩，找到那些假装是父亲的杂种们，将他们打得屎尿横流。”

无论在什么地方，所有迷失的父亲，只要他们还在深沟的此岸，我都祈求他们能够找到回家的路。而且越快越好。他们的孩子在盼望着他们。

如果在你涉入深水时，你与死亡之间唯一剩下的东西就只有你的智慧，那你最好利用涉水用具。

钓鱼领地的入侵者

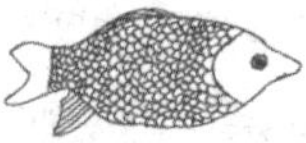

在一个阳光明媚的下午，我和堂兄斯迪夫顺着北爱达荷的清水河用绿屁股臭鼬假饵钓虹鳟鱼。突然间，在橘黄色的天空下，三名喷气冲浪者出现在河湾处，就在我们下游的河水里。

那三个身着橡胶服，戴着太阳镜的人朝我们和虹鳟鱼这边过来了，就像《水世界》里的一幕。我对堂兄斯迪夫说："这些家伙不赶走我们的鱼，看样子是不会走开的。"

"你是位悲观主义者。"斯迪夫说。

"你是位乐观主义者。"我说，"他们要是接着来，你买晚餐。"

“没有人会那么粗鲁的。”斯迪夫安慰我说。

赌注已经投下了。那三个人继续朝河上游我们这个方向冲过来。

我对自己微笑。我钓鱼的事情有可能给毁掉了，但是，至少会得到一份免费的牛排晚餐。但愿事情不是这样，但是，这些日子以来，针对一些民事行为而打赌是很容易赚到钱的。最近有大批的书都在抱怨美国人失去了礼貌，这样的谴责应该引起我们所有人的警觉。尤其是钓鱼的人。端庄的行为在我们的水道里已经不存在了，钓鱼的世界正朝着类似于高速公路上打猎的方向发展。在某些地方，这种情况已经开始发展到了野蛮的程度。

钓鱼越来越不讲究钓鱼而更讲究寻找一点点孤独。钓鱼的人愿意付出昂贵的代价，仅仅为了一点点远离发疯的人群的空间和时间，因为在一个过分拥挤的世界里，避难之所就是一切。美国娱乐界骑上一台闹哄哄的机器朝新世纪奔去，如果这种潮流继续下去，我们钓鱼人同时也会损失很多东西。

万一你没有注意到，现在可以听到噪声传过来了，沉寂没有了。噪声污染在现代美国无处不在，我们很少注意到自己已经在对彼此喊叫了，只有通过喊叫才能够传达正常的谈话。另外，对过度拥挤进行的研究已经得出令人鼓舞的结果了。随着人群的增多，礼貌也会减少。当人人都陌生的时候，为什么要把任何一个人当成家人?

我投下一竿，修正了一竿，看着黄色的渔线卷曲成一团，然后将假饵沉入一条绿色的水流当中，就在河水的远处。现在，我们已经能够听得很清楚了，喷气冲浪者的机器在午后嗡嗡响起来，就跟愤怒的昆虫发出的声音一样。在它们接近我们的鳟鱼垂钓地不到一百码远的地方，我仍然看不清冲浪者脸上的表情，但是，我希望他们很快能够看清我的表情：就是那种牙齿外露的灰熊的模样。

"还想往赌注里加上一根上好的雪茄吗？"我大声对斯迪夫喊道。

他摇摇头，猛地投下一竿。

"往鱼上抛！"我喊道，"往鱼上抛！"

我们西北边的人极喜欢公共垂钓场所。有经验和礼貌的虹鳟鱼垂钓者都知道，他们应该抛竿，再朝下游走几步抛竿，再走两步，寻抛，如此往复，直到钓完那一片水域为止。这个习惯让在河口等待的其他钓鱼人也有机会接近鱼最多的水域。这种钓鱼者表示互相理解和尊敬的舞蹈如果配合点头、微笑和简单的几句谈话，已经成为一种值得尊敬的传统。在最好的一片水域里站着，而且一直不挪窝，那不仅仅是粗鲁的行为，而且也不符合体育竞技精神。

有些钓鱼的人不懂河上规矩，或者他们明知故犯，想整整别的钓鱼人。也许他们私下里也藏着一些喷气冲浪艇，而且性格怪异。有时候，没有礼貌实际是一种无知的展现。有时候没有礼貌是故意的，而且心肠恶毒。在许多失礼行为当中都隐藏着贪婪。这样一种礼仪还存在着就表明文明是有可能实现的，没有礼仪，野蛮就会统治一切。

如果你不知道钓虹鳟鱼的时候应该在一个地方钓一会儿，然后再换个地方，这样，别的钓鱼者就有机会到达同一片水域，那么，也不会有人赶紧跑到警察局去报案。但是，当一个钓鱼的人成熟的时候，他应该有一种道义感，要学会一些礼貌。同样，硬挤在别人旁边钓鱼，想让别人快点走开也是不礼貌的。往别人正在钓鱼的地方投竿是错误的。划船经过岸上有人钓鱼的地方，因此而吓走他的鱼是可怜的白痴。如果你必须要去下游，而且绝对无法避开有人钓鱼的地方，至少要大声喊一声对不起。竞技钓鱼的兴衰关乎伦理道德、规矩和忌讳。

不知道在鳟鱼溪里应该有何等的礼貌举止吗？请观察、请询问、请读书。

不同的地方有不同的习惯，只要能够改进大家的钓鱼质量，这不同的习惯就是我们钓鱼者的礼仪标准。根据目前发生在高速公路上的一些事情，我们万不可低估快速原谅、理解、良好的礼仪以及文明行为的重要性。这些东西避免我们彼此厮杀。另外，如果被人错待，一个人一天的情绪都有可能被破坏掉。更糟糕的是，虽然我们当中很少有人会承认这一点，粗鲁地对待别人也会使自己的一天毁掉，也许还会影响自己对自己的看法：自己到底是什么人，希望当什么样的人。

喷气冲浪者朝我们这边冲过来了。

人们说，一个好人只是想一想坏事，而一个恶人却会把这件坏事做出来。如果是这样，我不是一个恶人真是一件好事，因为我在心里想到如何找一把瑞士产的点308猎鹿步枪，然后……不能够因为人产生一点儿怪念头就逮捕人也是一件好事。

从根本上说，我觉得其他的钓鱼人希望得到的东西就是我在清澈的河水上希望得到的东西：我们希望得到一点儿松一松胳膊的空间，尽量有机会独处一会儿，有机会欣赏户外宏大的静谧，有机会到最好的水域里去，因为我们当中有不止一人想去那些地方钓鱼。对于喷气冲浪者来说，这也许是太高的要求，但是，对于我们自己来说，这些要求却一点儿也不过分。

日记一则：温哥华岛坎贝尔河

你可以看见它们。嗯，并不是严格意义上的看到，但是，人们时不时能够在靠近水面的地方看到它们蹿入一群青鱼，从而感知它们的存在。大鳞大马哈鱼追得青鱼在翻腾的水面狂窜逃命。你会看到在这些猎杀过后，青鱼会逃入水底，在水面留下闪着钻石片一样光芒的青鱼鳞屑。时值大鳞大马哈鱼进食，你的心随之跳动。

这是英属哥伦比亚区温哥华岛上的坎贝尔河中壮观的大鳞大马哈鱼溯水而上的开始，今天早晨正好到达最盛时刻。银大马哈鱼和大鳞大马哈鱼正处返回季节。什么地方都能够看到捉鱼的人。可是，甩了数千次的渔竿却没有钓到一条大鳞大马哈鱼。各处的渔网兜都是干的。

我想数一下钓鱼船有多少条。实在太多了。这些船只在不停地移动之中，它们追着彼此的浪迹来回穿梭，因此，能够猜测其数量的唯一可靠的办法是把远处的海域分成四片，很快地数一下随便哪一片中的渔船数量，然后乘以四。在这个宽宽的河口上，大约有两百条钓鱼船组成的船队一片忙碌。

“我猜不出哪里出了问题。”我的钓鱼向导说，他还在更换我们带来的诱饵。“但是，有时候这种鱼就是不咬钩。”

我挥手让他不要再找借口了，我的同伴也是一样。都是有经验的钓鱼人，我们都能够彼此理解。

整个下午就这么过去了。仍然没有发现有渔网兜闪出银光，没有哪条大鳞大马哈鱼露面。奇怪的是，这个事实慢慢开始让我产生一点儿愉快感了。就在这里，价值数百万美元的钓鱼船和渔具以及导游费都投入在这个河口上，但是，大鳞大马哈鱼在我们的船底下游过，远远游到河口我们无法企及的地方，完全不理睬我们拿给它们吃的东西。它们在交配和死亡之前却会咬住最后一条青鱼，完成它们最后的盛宴。

我自忖：虽然人类掌握了大鳞大马哈鱼返回的日期和时辰，甚至连某条大鳞大马哈鱼会上溯到哪条具体的河流中去产卵都知道，但仍然留下如此奇妙的局限在我们的知识和技能范围之外，这些解不开的神秘仍然等待着我们去探索。只要我们仅仅为了体育活动而钓鱼，那么，鱼类使我们人类汗颜就仍然是一件好事。

然后我看见了那只秃鹫。

哪怕在极低的河上，我仍然能够看见它的白头，这只鸟在船队之上盘旋，驾驭着热气流直冲苍穹，它们不停地观察、观察。

别的人也看到了。

“一只秃鹫，”导游说，“又来了一个会有大丰收的猎鱼者。”

靠近我们船边的其他人都伸长了脖子抬头仰望，手指着天空。有些人停下手中的钓鱼活计，只顾朝天上看。

秃鹫在天空慢慢地旋转。

它在天空慢慢地旋转。

突然间，它折叠起自己的双翅，急速降下。

然后它又飞升而起，一条银光闪闪的大鳞大马哈鱼在它的爪下露出微光。

整个船队爆发出一阵欢呼声。

钓鱼定律

我在一处荒岛上钓了一天的北梭鱼，之后坐在一棵树下休息，此时，一只椰子落下，砸到了我的头上。跟牛顿一样，那一砸产生了对于世界运转方式的新认识。在这一情况下，这一砸触发了对于左右钓鱼世界的定律的新认识。下面就是头五项定律。

钓鱼第一定律：最好的垂钓倾向于在昨天发生。

钓鱼第二定律：最好的垂钓倾向于在上周发生。

钓鱼第三定律：当天最大的鱼倾向于被当天根本就不想来钓鱼的人钓到。

钓鱼第四定律：当年最大的鱼倾向于被一个初学钓鱼的人钓到，除非这个初学者是个儿童，如果是这种情况，则所钓之鱼一定是那个十年当中最大的一条。

钓鱼第五定律：鱼并不了解钓鱼定律。

我一边喝酒一边摸着头上砸出的一个包，悟出了钓鱼定律。下面就是这些定律，排列顺序与重要性无关。

鳟鱼倾向于容易被钓起来，除非你真正想钓起一条来。

在你使用旋转鱼饵时，大嘴青鲈倾向于栓式饵，反过来亦然。

不管你使用的彩色橡胶虫是什么颜色的，小嘴鲈鱼都倾向于别的颜色。

可做战利品的大鳞大马哈鱼一般倾向于在你放下渔竿准备小小喝一口咖啡的时候咬饵。

你在小船上抛竿钓北梭鱼的时候，假饵线倾向于在钓鱼者的脚下移动。当你抛竿去钓一群小北梭鱼的时候，渔线却会在双脚下找到。

当你最后看到鱼的时候，大鱼倾向于游走。

你的假饵吸引到的往往是一些小鱼。

鲶鱼都很傻，可以在任何地方，任何时间被钓到。此定律的例外情况是，当你真正想钓到一大篓子鲶鱼的时候，却会发现一条都钓不到。

虹鳟鱼倾向于被高中逃学生钓到。

比目鱼倾向于游到别人的船下。

鲤鱼一向被人低估，除非偶尔钓到，这种鱼倾向于迷惑钓鱼的人。

青枪鱼倾向于被人看到但钓不到。

迁移中的条纹鲈倾向于一去不复返。

而现在，我也有此倾向。

千万不要跟无知的钓鱼者争吵；因为你不会得到任何东西，他也不会失去任何东西。

钓鱼的人总是只入不舍

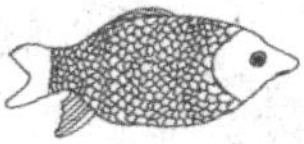

昨天下午，我在附近的一座湖里钓到一条23英寸长、6磅重的棕色鳟鱼。这条大家伙咬住了一个黑色的毛虫假饵，假饵里面有一个用橘红色的绳绒织物编成的东西。渔竿用了五个重块，因此钓起来的时候很费了一些力气。

如果我说那条鳟鱼长22.5英寸，重5.5磅，你会相信吗？

如果说是21英寸长，而鳟鱼的尾巴又刚好挨到22英寸的边呢？

因为我没有天平，因此那条鱼很可能只有5磅重。我的意思是说，那条鱼在我放掉之前拼命挣扎，因此，我们在这里所谈论的不是严格的科学计量。

所以说我取了整数，入而不舍。

那又怎么样？

只入不舍是钓鱼的人发明的。

对一些数字约整是为人广泛接受的简化生活的方法。当你四舍五入的时候，就可以将分数去掉，也可以把一些零钱省掉。在对数字约整的时候，唯一的道德问题是，你什么时候只入不舍，什么时候只舍不入。

总有人对我说，舍入最近的英寸或者英尺或者美元及英磅的时候，你需要接近高过半数以上的地方，而不是以下。如果你不到中间的位置，那你一定只能舍而不入了。因为你对自己和别人一向都保持诚实之心，因此最后一切都没有什么大问题。

钓鱼的人却并不遵守这一条规矩，他们总是只入不舍。

有些人为数字而活着：统计学家、体育爱好者、国际竞技钓鱼协会的成员、互相竞争的钓鱼者。

男人比女人更在意数字，因此，这也是跟女人一起钓鱼不如跟男人钓鱼有趣的原因。为了控制随意的只入不舍，男人必须发明数字，然后是秒表、天平、带尺、法官、罚款和其他的惩罚方法，以阻止男人在专业钓鱼者大赛或者职业足球赛中作假。为了让这种争斗规则明白易懂，现在人人都使用十进制了。

一些喜欢在数字上斤斤计较的人总让我烦心和紧张。除了少数几位可信赖的朋友之外，大多数会计看来本该高兴却没有那么高兴。钓鱼的人总是只入不舍，而会计在一半以上的时间里都必须只舍不入。我觉得对人来说，只舍不入是很难受的。

我问过我的私人会计，他本人并不是很拘束的一个人，拿国税官也不很当回事，但在四舍五入的事情上是很随便的，想怎么样做就怎么样做，这两者之间的差别就好像每天必须把数字排得整整齐齐的一位会计和一位经济学家，比如阿兰·格林斯潘之间的差别。

“啊，”吉姆说，“这太容易了。一个会计就是一位经济学家，只是他没有自己的特色罢了。”

但是，如果事情关乎自身，涉及为了大奖而进行的钓鱼比赛，打破世界钓鱼纪录，则大部分钓鱼的人都会只入不舍。

他们也应该如此。毕竟，平均而言，只入不舍会使你钓到更大的鱼。

当你钓起然后又放掉鱼的时候，只入不舍容易办得多，而且越来越容易。保持日常的只入不舍是你的重要防范武器，可以防范小人。例如当你只入不舍，然后又放掉鱼的时候，没有人能够请你来描述那条钓起来的时候是22英寸而放掉的时候是23英寸长的鱼。只有态度强硬的国税官员和用尺子的人才会让你把那同一条鳟鱼一直约整到21英寸。

只入不舍可能稍稍有些夸大其词，但这总是一件趣事。只入不舍可使生活得以简化。

只入不舍令人放松。

从医生的角度看，只入不舍对精神卫生有益。

冈索钓

“我五点整到你那边。如果届时你不是手拿渔竿和渔具在门口等着，我立即就走。这里面没有什么个人的因素，只是钓鱼不等人，我也不喜欢等人。”

这是三十年前发生在一次钓鱼之旅之前的一段插曲，那也是我学会冈索钓[①]的时候。说那话的人每一句都当真。伍迪比我大二十岁，是二战退伍军人，只有一叶肺（另外一叶在安齐奥的海滩上被德国一枚八毫米炮弹片放了气），他知道时间和

①：冈索钓是指一种对钓鱼过程高度专一，不轻易放弃的态度。

白天的价值所在。伍迪在钓鱼的事情上从来都不瞎胡混。我知道，如果我不是拿着渔具站在街上等着，他开车来的时候连刹车都不会踩一下的。

伍迪并不关心别人喜不喜欢他，也不在乎自己是不是逗人喜欢，他只关心钓鱼的事情。只需要闭上嘴，只需要站在旁边看，就可以从他身上学到很多东西。他教我钓到了第一条比目鱼，他告诉我在热循环水中钓虹鳟鱼是何等简单易行的一件事。“你得努力练习，”他说，“约在二十年后，这些鱼就好钓多了。”

努力地练习。

练习很长时间。

在鱼根本不咬钩的时候钓。

在它们咬钩的时候也钓。

如果鱼不咬钩，一直钓下去，直到它们咬钩为止。

钓鱼是掌握技能和时机的技术，也是锻炼毅力的机会。冈索钓鱼人跟“加能小兔子”一样，他们就是不停地钓，不停地钓、钓、钓……

伍迪已经不在了，但我努力将这个法则传承下去。如果早早就有鱼咬钩，我就早点下水；如果很晚才有鱼咬钩，那我就会成为最后一个离开河面的人。如果有人说：“看来天要下雨了，也许我们应该等几天。”那就是我最后一次邀他去钓鱼了。如果有人忘了上闹钟，我绝不会第二次去等他。

有一天，我得去南加州钓鱼。我提前打电话给一个钓鱼俱乐部，看看有没有人愿与我同去。除非能够钓到一两条鱼，否则，你不会冒险在六月里开车去洛杉矶。有个叫格莱格的人打电话来了。“喜欢大嘴鱼吗？”他问。

“喜欢。”

“你在意半夜钓鱼吗？”

“不在意。”

“在意从凌晨两点一直钓到日落吗？”

“不在意。”

“在浮胎上钓，脚边还有很大的鲶鱼在咬，行不行？”

“什么都行。”我确认。

“那好，”他说，“那请带上胶靴和八个坠子的渔竿，因为我准备让你钓到极好的鲈鱼。我会带上浮胎和翅片的。”

我不认识格莱格，分不清谁是格莱格，谁是亚当。但是，他的问题告诉了我所有必须知道的事情。他在练习冈索钓。哪怕我们并没有钓到任何一条鲈鱼，最终也会建立起友谊来。结果我们两者都得到了。

第一次去圣诞岛钓北梭鱼的时候，我是跟朋友里克和他的终生朋友尼克一起去的。我们准备出发的那天早晨，第四个人又加入进来。鱼神在微笑。我们四个人都在练习冈索钓。

我们是第一批起床的人，第一批吃早餐的人。我们带好了午餐，我们是第一批上路奔向海滩或渔船的人，然后又是第一批下水的人。涉水、抛竿、涉水、抛竿，如此往复，对着一条小鲹投下快速的一竿，再涉水，再抛竿，根本不管太阳，不管午饭，不管饮水，直到嘴唇都粘到一起去了，再涉水，再抛竿……想象一下，这样连祷文一直念了下去，直到太阳落下山去，直到再也没有光线能够在沙滩上形成北梭鱼的影子。

我们给向导付了加班费，把所有能够钓鱼的白天全用在钓鱼中了，日落很久之后才回去，回程中大灯闪闪的。晚餐都凉了，别的钓鱼人都已经开始呷白兰地。在晚餐与睡觉时间之间，我们又开始趴在夹具上绑新鲜的假饵，便于第二天再钓。有一天晚上，我们正在绑假饵的时候，有几个人走了过来。“就是他们，”有个人对其他的人说，“就是这些发了疯的冈索钓鱼人。”

很久很久以前，有一次我在密苏里州的一家酒吧里跟一位当过兵的朋友喝酒，他叫麦尔。酒吧正对着日本海。我们白天在一条木船上用真饵钓鱼，船上还有一位年龄大的日本绅士，他的运气不太好。我们晒了一天的太阳，口干舌燥。我们当时很年轻，找到一处小酒馆以后，我们开始大喝起来。

那位酒吧侍者的英语极好，他问：“你们美国人为什么喝得这么快？”

麦尔冷静地朝侍者看了一眼，口齿不清地说道：“因为我们只准备在这里钓上两年的鱼。”

冈索钓者也知道时光短促。我们不想浪费日光、月光，连漆黑的夜晚也不想浪费，我们不会等某位可爱的钓鱼者准备好了才安排某天慢腾腾地用完早餐以后才去钓鱼。

这就是我们钓鱼的方式。

听某人讲一个极好听的钓鱼故事的时候，千万不要放过保持安静、洗耳恭听的机会，当然，除非你不想交朋友。

雨中银湖

天下雨，从星期三一直下到星期五。但是，几个月来，天一直在断断续续地下雨，阴一阵，晴一阵，天空总是罩着厚厚的浓云，雨水源源不断和不留情面，如果你提到华盛顿州，人们一般就会说，那里总在下雨，下的就是这种雨。他们也没有错得太离谱。但是，华盛顿州并不是西雅图或奥林匹亚，也不是汤森港，华盛顿州像斯波坎，像里茨维尔，像普尔曼。根据到目前为止的记录，越往东的地方越是干燥一些。

一个星期五的下午，我开车前往日落山，雨水滴落在我的车窗上，也滴在我的心头。我的收音机调在全新闻频道上。

（钓鱼人跟农夫一样关心喷射流。）天气预报员说对不起，说雨会持续下到周末。从华盛顿东部到爱达荷北部再到蒙大拿西部，人人都将淋雨。但是，我一整天都还在做梦，希望能够去银湖钓一两个小时的鱼。

人们说，年龄越大，对天气情况就越关注。寒冷会令你不舒服，风刮得人难受。炎热也叫人苦不堪言。人们说，人过四十，温度计就坏掉了。在我开车到达家乡范围内的高速路时，这一切仿佛是真的。四年，也许是五年以前，我就不再冒着恶劣天气外出钓鱼了。我在后视镜里看着自己的脸，心想：这就是山上的云看上去的样子吗？

我上了楼以后，安问："这种天气你也准备外出？"

"不知道，"我说，"但是，如果不赶紧出去钓鱼，我会成为一团死肉。孩子们哪里去了？"

"全都出去玩了。我希望你最好不要自己一个人去，特别是在这样的天气里。"

我坐在安乐椅里打开了报纸：极坏的消息，丑恶的行为，轻佻的诉讼，十多处战场上硝烟弥漫，饥饿，白宫丑闻，我存下几个小钱的那些银行借出去的贷款没有人还了，谋杀，掠夺，恐怖主义活动，还有就我们的邻里地区发生的核泄漏所造成的"可能"影响而发的编者按。我需要去钓鱼。

"天在下雨，而且很冷，别傻了。"安说。

"我要去钓鱼。"

“天几个小时内就要黑了，外面气温很低。”

“我要去钓鱼。”

“先睡几分钟吧，一会儿就会好的。”

我把报纸扔到咖啡桌上：“我这么说吧，我必须去钓鱼！如果不行，我会成为一个呆子，我会发疯。”

安耐心地笑了笑：“你再也没有多少脾气可以发了，亲爱的。”

我知道，所有钓鳟鱼的伙伴都会传递最后一分钟的邀请，只要是去银湖，只要说是去那里抛下一竿，特别是在星期五的晚上，尤其是雨还在下着，不管雨下得多么小，不管老天多么不作美。然后我想起吉姆来，这是我刚刚认识的一个人。吉姆是位物理学教授，他就住在路南边，我们有一次在一个晚餐上谈到钓鱼的时候，他曾说：“任何时候想钓鱼，只管来电话。”

“吉姆你好，我是保尔。想去钓鱼吗？”

“什么时候？”

“现在。”

“现在？”

“我知道这有点匆忙，但我现在必须去钓鱼。”

“外面在下雨。”

“我知道。”

电话线两头沉默了一分钟，此时我想象他正在跟他妻子商量，到底应该如何回答打来的这个怪怪的电话。不一会儿，他回话了：“五分钟之内？”

“你说对了。”我说。

我从椅子里抓起钓鱼背心，又到房间的角落拿起了渔竿箱，我的渔竿箱一向都堆在那个角落的。然后又赶快去拿别的渔具，一边兴奋地对安喊道，在离家这么近的地方找到另一位钓鱼人真是多么奇妙的一件事情。对此，安说：“上帝保佑我们！”

“这完全是发了疯，你知道吧？”我们从他家开车出来的时候，我对吉姆说，“你必须狂妄一点点才能够在这样的天气里出门钓鱼。”

“疯人……钓鱼人……这两者之间有何区别吗？”

我们开车直奔银湖，很快就开始摆弄了：石墨渔竿、早春的蜉蝣和摇蚊、顶端可下沉的渔线，还有去黄石乡村的了不起的旅行。男人之间的友谊是慢慢建立起来的。但现在，当我们沿着潮湿泥泞的道路前进，当车窗雨刮不停地摆动，脑子里想到一条条鳟鱼的时候，我们看起来就好像是相处了一辈子的朋友一样。

跟我预料的一样，银湖就属于我们两个人：没有船，岸边没有钓鱼的人，没有任何人。毛毛雨一刻不停地下，一刻不停地倾入湖中。跟训练有素的士兵一样，我们很快将船摆弄好了，只试了一次便将后轮推入水中。

“电影里的水泽仙女。”我开着钓鱼船在水面转了十多圈，然后关掉发动机，最后这么喊了一句。

“你有何好主意？”

“用摇蚊，黑色或者绿色的，应该没有什么差别的。”

吉姆在导线头上绑了一个假饵，他说这个季节他还没有钓到一条鳟鱼，也没有想到要去钓鳟鱼。

我们在假饵上涂了油脂，一直涂到最后六英寸的地方，然后又系上了极像要出现的那种东西的饰物。船锚抛了下来，我们极自然地坐下来准备钓鱼了。

我钓到了第一条。跳得极欢，有三四次蹦出水面，过去几天郁结在心头的不快因此一扫而光。长十二英寸，银光闪闪的，是那种刚出炉的银币的光泽，腰窝两侧有鲜红色的条纹。挣扎一阵子之后，它就斜躺着不动了。

“你吃这种鱼吗？”我问。

“很少。”吉姆说。

我摘下这条虹鳟鱼嘴里的假饵，看着它摆着尾慢慢游走。

我又钓到了两条，然后坚持要吉姆试试我的14号黑摇蚊。他试了。抛了两竿之后，他很快也钓到一条。

雨在不停地下，天黑了下来。在某个地方，在高高的云层之上，太阳已经转过身去，准备明天再出来。吉姆有极好的渔具，但没有手套。我有无指羊毛手套，但没有橡胶皮裤，雨顺着我的雨衣流下来，很快就湿透了我的牛仔裤。

“我从来都没有想到手套的事情。”吉姆说，一边捧着手哈气。

“钓够了没有？”我问。

“还早着呢。”

除非在恶劣天气里跟一个钓鱼人外出，否则人们总是无法了解钓鱼的人。除非看到他的手冻得青紫，否则你永远也无法了解钓鱼人会疯到什么程度。而此刻，吉姆的手就冻紫了。

“我们可否带几条回家？”过一阵子后我说，“这是钓到就可拿走的鱼湖，而且吃鱼还有利心脏。”

“甚至对你的心灵也好，”吉姆说，“为什么不呢？”

最后的一线光已经看不到了，雨下急了，寒冷彻骨。我们开始抓鱼了，手握着拳头抓住鱼在船舷上敲它们的头，很快将它们弄死了。然后，因为再也看不清鱼饵了，而且雨水开始顺着脖子往里灌了，我们才决定罢手。

开车回家的时候吉姆对我说：“你知道吧，你今天打来电话真让我开心。真是好玩。我真的得多多外出，以前都没有想到。”

“也许下次天不会下雨吧。”我说。

吉姆笑了笑：“我并不太在乎下不下雨。任何时候打来电话都行。”

“我也是一样。”我说。

“我从来都不冻虹鳟鱼吃，”他说，“我要么吃新鲜的，要么就不带回家。我们能否把女人们召在一起，煮了这些鱼当晚餐？”

“你说吧，”我说，“去你家还是我家？”

日记一则：凯利溪

1997年8月16日。在北爱达荷州克利沃特河的河口与凯利溪之间的河口处扎营。在黑谷和凯利溪的下游处钓鱼，从早晨十点一直钓到天黑。

我孤身一人，就着营火写这则日记。我本约了两个朋友一起来的，但生活挡住了两个人的道。我母亲说，人生就是你安排如何过生活的时候所发生的事情。今晚，人生就是营火，也是北福克河奔流进大海时发出的悦耳的咆哮声。

我要去蒙大拿州的波茨曼，上午准备在第六届野生虹鳟鱼学术会上做午餐发言，这是美国渔业协会组织的一次活动。计划一路钓去，再一路钓回。仅仅为了办事而在爱达荷州和蒙大拿州之间开车穿行是违法行为。如果他们抓到你的时候发现你身上没有带胶靴和渔竿，那你会成为笑柄，说明你没有正确的判断力。

在接下来的几天里将由科学家们提交学术论文，涉及跟帮助保存野生虹鳟鱼，特别是当地土鱼有关的各种议题。已经只剩下不多的几条土鱼了，而且剩下的几条还在进行彼此之间的斗争。如果没有野生虹鳟鱼分布的流域，你则无法挽救野生土虹鳟鱼，而且这样的流域还是这种鱼进化的最好地方，否则我们就只能坐在那里看着物种灭绝的进程浩荡前进。全国大部分森林已经被砍伐掉了，所剩下的只有百分之五，除了傻瓜以外，谁都不会相信我们还剩下哪一片流域需要大加砍伐的了。

今天早晨，去北福克途中经过胡都山口时，我注意到一个位置摆放得极好的标牌。我停下车，走出来四周看了看。标牌上写着："木材丰收建造了这些道路。请安全驾驶，一路顺风。"落款是"克里沃特资源联合会"。

我不知道克里沃特资源联合会是谁，但是，如果不是自知有罪的良知发现，为什么会有人浪费钱来建造一块牌子，说明谁铺好了你在上面行驶的公路？我站了一分钟，然后转身看看四周，看看群山。

这块标牌立在一片高坡草地上，靠近克利沃特河的一条春季涨潮的支流。风景美极了，荒凉而壮观。但是，这个风景区并不包括哪怕一片林中空地，也没有木材路，没有木材堆，没有土滑道，没有生锈的塞链，没有啤酒罐，没有空油桶，没有伐木工在干那些肮脏的事情时留下的任何痕迹。在河下游的砍伐场上，你会看到所有这些东西，但从这块标志牌上你什么也看不到，它只告诉你应该为这条公路和这片风景感谢谁。

我产生了一股强烈的冲动，想用自己身上带着的扳手把那块牌子拔下来，扔进我的皮卡车后厢里，拖到河下游处属于世界最大采伐场之一的河口去，在那里，去年冬天，四周所有的公路都将废物冲到了爱达荷州剩余的野生虹鳟鱼产卵地，并使这些地方被永久性地塞住了。我会为联合会的标牌找到一个能够向人们展示不同现实景观的地点，然后把牌子重新竖起来。毕竟，人们应该知道到底应该感谢谁。

为了明白这样一个弥天大谎，你得亲自去林中，踏上地面，自己看看现实。林木采伐公司做的电视广告显示一片安详的环境，有鸟鸣，有麋鹿叫喊，有颜色明亮的画面，它们要充当称职的森林引路人，但是，它们所做的事情却并非如此——如果你想呕吐，它们是最好的催吐剂。

到了突袭的时候了。

今天钓到的第一条鱼是一条小小的濒危牛头鳟，我连碰都没有碰一下就放了。接下来的一条鳟鱼咬住了麋鹿毛石蚕，它的生命力极强，一连跳了四次。它精神十足，差不多大小的鱼就是一条野生钢头小鲑鱼。接下来是一条野生韦斯娄普杀手鱼，是被一只格里费思蚊诱来的。这条鱼又重又长，差不到有十九英寸，假如你只入不舍的话。

三条鱼。三条野生鳟鱼。北爱达荷州的大满贯。我奇怪，我是不是黑峡谷最后一名鸿运高照的钓鱼人？

哲学之险

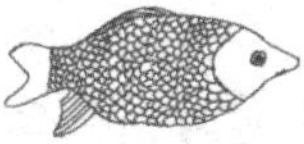

钓鱼和哲学息息相关。它们彼此平衡，互为参照。由于伊萨克·沃尔顿的缘故，钓鱼人都有可能成为哲学家。人们相信我们钓鱼人定期打探哲学的深浅，几乎每竿必探。我们甚至鼓励不钓鱼的人也这么想。在别人眼里，我们钓鱼的人思想深沉、睿智，一次性就能拼对“Nietzsche”（尼采）这个名字，简直厉害得不行。这种感觉还是很爽的。

“一连许多天不出声，你们除了钓鱼之外一定想出了什么大思路吧？”不钓鱼的人问。

“钓鱼不是容易给人以启迪吗？”他们问，“你们冬天钓虹鳟鱼的时候想到的是康德还是柏拉图？”

你聪明地一笑，说：“是啊，是啊，我是在想。”然后，如果你有一只石楠烟斗，可以猛吸一口，然后抬头若有所思地看着天空。从冬天的虹鳟鱼那里得到的富于真理意味的答案可能是这样的：“实际上，不，我想到的不是康德，也不是柏拉图，我想到的是冻麻木了的脚趾头，还在想为什么竟然没有哪位天才发明一双真正能够保暖的钓鱼靴。”

经过一天繁重的劳动，而且没有钓到鱼，我有时候会在当地的酒吧或者其他一些地方装出哲学气，以此减轻一天的烦恼，这是很多人都知道的一件事，尤其是正在买酒的人当中有我的崇拜者的时候。我既有一些苏格兰血统（我的中间名是古塞里），也有一些爱尔兰血统，因此经常喜欢指出：虽然爱尔兰人在整个黑暗时代保持住了哲学的生命力，因为他们抄下了西方世界的不朽著作，但是，我们苏格兰人却也在忙着钓鱼和酿造威士忌。有人告诉我说，最早是上帝创造出苏格兰威士忌的，其理由是防止我们苏格兰人去征服全世界，如果我们没有花时间去发明那么多见鬼的鳟鱼假饵，而是用心去发明一种比大石头更有威力的战争武器，那么，任何一个星期一的早晨我们苏格兰人都有可能完成征服全世界的壮举。

哲学就是深水。

危险的深水。

在普通的生存当中，此刻你在齐膝深的溪水中，接下来的一刻你就已经跨过了边缘，进入了“人生意义之洞”，然后狂乱地四处抓摸，希望不要让涉水用具灌满了水。投竿催眠性的节奏如果跟细分成了纳秒的人生寻常的嘀嗒嘀嗒声脱了钩，那么，钓鱼者的思维就有可能滑入习惯性的停泊处，并发现自己飘浮在哲学的危险之水里。

例如有一天晚上，我独自一人在外面钓鱼，突然间就出了一次哲学事故。那是八月中旬，鱼咬饵的动作非常慢。是酷热的三伏天，极热。所有圣哲都在室内呼吸空调气体。但我是个钓鱼人，而且相当疯狂，我在野外一座只许用假饵钓鱼的湖里用一根全沉的渔线和蜻蜓饵探测湖水的深度。宁可钓一晚上的鱼而不去看一千遍电视重播。

大鳟鱼可不管什么夏季回放，也不管什么电子邮件，更不管我们人类堆在自己生活当中的一大堆垃圾。大鳟鱼在八月钻进深深的水底，深到足以靠蛰伏的摇蚊卵、慢慢移动的蜻蜓饵为生的程度。从深水里扯上一条大鳟鱼来，在一年的任何时候都是一剂良药，尤其是在夏末。

但是，在一个夏末的晚上打瞌睡和为了一条鳟鱼而涉足深水也是很危险的。

在漫长的夏天的傍晚，你可以在一条开口船的底部平躺着，让太阳照射下来，然后瞪眼看着慢慢出现的可见的宇宙，然后，因为没有响个不停的电话打扰你的梦想，你就可以发现自己在观察一颗古老星星的毁灭，思考我们太阳系的生命周期有多长，考虑夸克的意义，想想天气，最后，生与死以及钓鱼都是同样的一件事。

但是，如果你不喜欢哲学，也可以抬头看看同样的一片天空，看到米尔太空站、太空垃圾，或者看看正在轨道当中运行的宇航船。这些东西都很大，大到足以用肉眼看到的程度。有一种错误的概念认为，所有钓鱼人都是消息灵通的哲学家，为了纠正这个错误，我想到了十一月初的一个晚上，我坐在一堆营火旁，突然间一位老钓鱼人走过来聊天。那天晚上的星星特别明亮，为了消除苏联人造卫星升空造成的尴尬。除了厨房的洗碗槽以外，美国人把一切都送上了太空。

我跟那位老先生谈到了星星，谈到了星星密布的天空，谈到了晚秋钓棕色鳟鱼用的假饵，我朝夜空看了一眼，不小心就撞上了自己的运气，突然看到了正在轨道中运行的人造卫星。

“您看到过那些人造卫星吧？”我问。

“听说过，”那位老人说，“但还从来没有看见过。”

“嗯，现在您有机会了。”我指给这位老先生看。

他花了一阵子时间才看到，但当他看到的时候，却拿手指对着天空大声叫道：“我的老天，他们肯定把一只手电筒送上了轨道，可不是嘛。”

“啊，是啊……是，他们的确是的。”我回答说，一边再次调整代沟。

那位老家伙和我当晚的确装出了哲学家的样子，但最后还是谈到了渔竿和鱼篓以及花了很大精力才做成的线轴。到睡觉的时候，我们达成一致意见，说到了十一月份，棕色鳟鱼很傻，见了羊毛臭虫就咬，还说任何在十一月份之前就挂起渔竿的钓鱼人都是傻子。

在那个八月的夜晚，引诱我进入哲学深潭的东西是落日，它在一片清澈的蓝天下击中了单独的一片白云。我在一个多小时的时间里都没有钓到一条鱼，也没有尝到鱼咬钩的快乐，因此我在船底躺了下来，让自己的背部得到一点点休息，并看着太阳在如火的云中落下。除了一对极大的蓝色苍鹭歇在我钓鱼的那个海湾的末端以外，我是一个人孤独地留在湖边的，陪伴我的只有自己的思想。

我的小船浮在北美大陆的一座小湖上，从平躺在船底的独特位置看，我突然间想到自己就是这整个世界上人类中唯一的一个，是世界全部历史上唯一的一个人，是地球生命进化史上唯一的一个人类，我可以看到正上方的那片白云，可以对着那一片白云沉思，而它也正在从白色变成最灿烂的粉红、黄、琥珀色、深红和金色。光与色以及形状如此独特的多样化只会在时间史上出现一次。

我就是这么一个人，是光的奇迹唯一的智慧的见证者。我欢快地涉水奔向生活意义之洞的边缘，不知道这是不是上帝想象为人类准备好的同样的一件珍贵的厚礼，因上帝在《创世纪》中高兴地说："地上要有光！"

然后我在想是否……

但我接下来的一个想法被鱼儿猛烈的咬钩打断了——这本来是一件极好的事情，只是因为咬钩，我突然间从船底站了起来，头在船椅上碰了一下，因此使劲一拉渔竿，结果一条大鳟鱼吓跑了。鱼跑了本来也没有太大关系，但我的后腰上却有一块肌肉因此同时拉伤了。既然已经发生了这么多事，这本来也没有什么关系的，但是，我的渔船却冲上了多岩石的海岸线，这样一个倒霉和笨拙的动作却把我的备用假饵渔竿折断了。

我已经说过，哲学是一项危险的事业，如有可能，钓鱼人应该远离哲学，尤其是容易受采集羊毛和战场问题影响的哲学问题。

但是，如果说他们情不自禁，至少我们苏格兰人发明了治疗哲学伤口的药物。这种特效药就是被称为上好的麦芽威士忌。任何上好质量的酒也行，但麦卡伦箱装的酒对钓鱼人尤其合适。

我不是足够聪明，因此不可能完全避免这片危险的领域，但至少我会带上苏格兰的武器用作医学目的。我在自己的工具包里找出一只小瓶，很快呷了一口以止住疼痛，收了线，然后顺着黄昏时分的湖打道回府。

对艺术、音乐、酒、钓鱼、生活和很多东西的狂热总是为很多人所低估，尤其是那些早晨十点之后才起床的人。

性与单身垂钓者

不久以前，一位喜欢用苍蝇钓鱼的年轻人问我说，带一位姑娘一起去钓鱼是不是一个很好的新点子。我告诉他说，是个不错的主意，但谈不上是什么新点子。然后我问他的那个打算是否体面。

“那当然，先生，”他回答说，“肯定是的！是体面的计划！我要带她去凯利小溪。”

因为听说了这样的打算，我也只好报以祝愿。（凯利小溪是北爱达荷州最酷的小溪。）

许多做户外运动的人都有这样一个想法，我们的这位年轻朋友判断出了错误，性与钓鱼完全不相容。这个想法是极端原始的，哪怕对男性至上主义者也是一样。事实上，世上没有任何两样事情能够像性与钓鱼一样合得来的，除非这两样事情是钓鱼和做爱。

我是1956年开始提及钓鱼和性的，当时，人们对性还不是很了解。我所有的钓友都知道很多玻璃纤维钓竿的事，但没有一个人看来哪怕略微知道一点儿性上面的事情。我必须要花大代价来搞清楚——而且是从姑娘们本身得来这些教训。当我慢慢鼓起一些勇气准备行动时，我意识到请姑娘们去约会（哪怕去钓鱼）都是非常困难的，比在20号的鱼钩上系车夫牌全料鱼饵还要难。

维达·温盖特高我一个年级，她身上有很多优良品质，其中就有这么一个重要的事实：我约她出去她很少不给面子。而且，有很多谣传说，她很懂接吻。最好的是，她跟这样一些男孩子约会，他们因为自己没有多少钱，因此被迫借各自父亲的车带姑娘出门。我给她打了电话，她说好吧，我很快就装了十多只石蚕。

跟维达的约会日期近了，可是，我左脸上却出现了一个状如葡萄的粉刺——这有可能是任何一位男青年在这样一种头一回的冒险活动之前因为极度的苦恼和精神折磨而导致的结果。看了很多医生也不管用。母亲安慰我说，这只是一个小小的瑕疵，而且还在上面涂了一些化妆品，结果宛如一只扑了粉的高尔夫球。如果钓鱼速度很慢，那我就得从左到右地接吻。

我父亲当时还算不得一个浪荡子，他对汽车的品位趋向于四门灰绿色别克车。方向盘极不合适——我会戴上太阳镜以免被别人看见。由于我们是往利德尔河去的，那里极有可能碰上响尾蛇，因此我别上了自己的点22手枪。

离天亮还有一个小时，我就将车开了过去，停好，然后朝维达家中走去。

温盖特夫人几乎是惊叫起来，她气喘吁吁地说："你约会的人来了！"

我属于20世纪50年代那种留鸭尾巴式发型和用发膏的人，因此对成年人的大惊小怪已经早有准备。我猜是我脸上的高尔夫粉球和墨镜（我忘了摘下墨镜）令她靠在门框上就像快要散架似的。

我错了。问题出在手枪上。"我的天，哈里，"我听到她小声对她丈夫说，"他要带她去拦路抢劫。"

温盖特先生是位身材高大的钢厂工人，我等着维达下楼的期间，他对我的意图严加盘问，工作做得极其出色。我猜想他不是钓鱼的人，还记得自己咕咕噜噜地说过一些空洞无物和不太可能的话，比如说自己毕业以后准备去上哈佛之类的话。听到这些话的时候，温盖特先生明显不信，因此将指关节按得嘎嘎作响。

"我爸很喜欢你。"维达蹭进我旁边的车座时说。

“他一句话都没有讲，”我说，“你怎么看得出来？”

“他没有说如果你吻我他会卸下你的两只胳膊，老爹总是这样说的。”

我大松了一口气，在温和的阳光下仔细研究维达的脸。她有一双黑眼睛，极漂亮的牙齿和嘴唇，看得我一把将别克车挂到了倒挡上，迎头撞在她父亲的福特车上弹了回来。

我按下速度限制，随时提防身后有没有福特车悄悄跟上来。我很快发现，维达是个爱思考问题的人，极有思想深度。她根本不提高尔夫球的事情，也不提墨镜，也不问我为什么一直朝后视镜看着。我的车擦到一辆停在路边的纳什漫步者车上时，她也不出声，而车子擦上去完全是因为她的手放在我的大腿内侧造成的直接后果。

一旦开上外面的大道，我就开始放松了。对于一个少年来说，我还是算相当有口才的，而且，在接下来的一个小时里，我对维达大谈特谈钓鱼之乐，编了很多故事，只能够用四个完整的句子加以概括。

我们最终来到了利德河边的辛普逊格莱德，我计划在这个地方教维达熟悉钓鱼内情，甚至准备教她一些绝招。“啊，真是可爱！”维达说。“可是，哇，外面看上去很冷。”她继续说，“我们难道不能在这里多待一会儿，彼此暖和一下吗？”

我对这公开的浪漫邀请并无准备，因此采取了第一个步骤——很快且毫不犹豫。

我愉快地伸过胳膊想去抱她的肩膀，结果手背在她额头上发出一记响亮的拍击声，这还不说，主要是因为手上的一罐鱼饵全都倒进她的头发里面了，这才是让我烦心的事情。但是，维达是个出众的约会对象，她的尖叫声压到了最低限度，而且对一个用苍蝇钓鱼的人竟然还带着一批蚯蚓的事只字不提。

那些蚯蚓一条条捉回来以后，我的胳膊重新抱紧了维达，在接下来的四十五分钟时间内，我一直没有理会我的右胳膊的血流明显受阻的迹象。如果维达不提醒我的眉毛上全是汗水，我的那只胳膊多半会要被截肢。

“胳膊疼不疼？”她问。

“当然不会。也许是我的疟疾发作了。”我回答说。而且那是真话。我的胳膊并不疼。剧烈的疼痛早已经在二十分钟之前就过去了。事实上我已经接近天堂的大门了。我的胳膊抱着一个漂亮的姑娘，而且辛普逊格莱德那边还开始涨潮了。就算我的胳膊真的给截掉又算得了什么？

大约在这个时候，维达伸手过来，将我现在已经坏死的手指握在里面。

“啊，你的手都冰了！”她说。她有了这样无可反驳的医学观察，因此一把将我现在已经麻木的胳膊从头顶上举起来，并将这个残体塞进她的大腿间狠命摩擦起来。这让我有点疼痛。我一下子失去了知觉。

醒过来的时候，维达蜷伏在我的钓鱼背心上玩我的虫子。

我就这样上完了性与钓鱼的第一课：不太容易抽回身的时候千万不要伸出胳膊。

此时，河里出现了鳟鱼孵化的壮观景象。我看着不断跳上来的鳟鱼，维达却将她漂亮的脸抬起来凑向我的脸，她深深地看着我仍然是黑影重重的眼睛，然后闭上自己的眼睛，还略微张开了她的嘴唇。当时，我以为她想评论一下河里涨潮的事情，只是不知道说什么罢了。毕竟，她是刚刚开始学的，对孵化之类的事情一点儿也不知道。

此时，鳟鱼开始在辛普逊格莱德一带哗哗地拍昆虫了。我产生了两股强烈的冲动，其中之一是去喧闹的水边投下苍蝇。我又采取了第二个步骤。

我将嘴唇濡湿（这是我的性知识所能达到的最远处），发动了一次亲吻活动。维达的反应美极了，中间还自己做了一次姿势调整，这使我的嘴唇降落的方位离目标只差一寸远，尽管是朝上方偏去的。因此我上了关于性与钓鱼的第二课：锁定嘴唇后再闭眼。

然后我们就去钓鱼。我解释了所有细节：浮线、垂下的部分、干蝇、湿蝇，以及什么时候、什么地方和什么方式这些东西不能够起作用。这是我在钓鳟鱼的河边度过的至少是最美好的一天，尽管我遗憾，维达根本不需要再手把手地教她就可以得到相当好的回测成绩。她的成绩非常好，当天的所有鱼饵都活了下来。

然后，突然间，鳟鱼全都孵化完了，天也开始黑了。我仍然是钓鱼和性方面的新手，因此觉得这是一个信号，说明到了应该将这姑娘交回她家里的时候了。她在家门口一把将我拉入她现在经验更丰富的怀抱，堵住了我全部的嘴巴进行接吻，而且就在光天化日之下，在她家的大门口。

我不知道那一吻吻了多长时间，但是，我的膝盖基本上变了形，而且多少有些不幸的是，我背心上挂着的一根6号浮线正好在胸线处挂住了她的安哥拉羊毛衫，露出一大部分平日不易见的风景。

维达大笑，并小声说出一些甜蜜的话语，我立即动手想办法松开鱼饵。我两只手都忙着，岂料身后的门突然打开了。

我不记得温盖特先生的开场白是怎么说的，但我记得自己当下决定，想从维达的毛衣上弄回浮线（哪怕是我最喜欢的一种）肯定是浪费时间，因此，我匆匆忙忙道别，朝石级下跑去，从我的心到她的心之间拖出长长的一根线。

就跟一条钩住的鱼拼命挣脱时一样，我跑出门廊时，渔线一下子断了。让人惊讶的是，当一个年轻女士的父亲看见你的双手在他女儿的胸部附近鼓捣什么东西时，一根六磅浮线的强度竟然只有那么小，同样让人不可思议的是，两个刚刚还酸痛得不行的膝盖竟然可以将有合适动机的一名年轻人支撑着飞快逃窜。

我飞跑起来，跌跌撞撞地穿过女贞树篱，一头钻进别克车。但因为又挂错了挡，一把将我老爸的车撞上了温盖特先生的福特车（又在它对面的保险杠上留下一个新鲜的咬口），一路狂奔回家，在第六和第七大街之间的整条榆树街上刮出一地的黑色橡胶刹车印。

多年之后，在上大学的期间，我遇到一个很懂钓鱼的姑娘。她的名字叫安。她学得很快，还会自己穿渔线。之后，我们在洛根河边漫长的一天里消磨时间，一边加深两人之间的关系。这个时候，她的钓鱼背心上的一根马德勒明诺线挂住了我的衬衣，我解了半天解不开，因此就娶了她。

口哨鱼

“再等五分钟，”那位老人说，“我们再给它五分钟时间。我们一定会钓到一条口哨鱼的。”

“什么是口哨鱼？”我问。

“你会看到的。”老人笑着说。

另一个钓鱼人说：“算了吧，收竿走吧。我们一整天什么都没有钓到。我的天，太阳出来之后都没有看到过咬钩。已经过去九个小时了。”

但因为我们其余的人年龄更小，都希望尊重他，于是老人的意见占了上风，我们继续钓下去。我们会拿他开玩笑。已经过了五分钟。

海明威的《老人与海》有这么一句也许是最了不起的开头语："他是位老人，独自一人在墨西哥湾流上的一条小船里钓鱼。已经过去八十四天了，一条鱼也没有钓到。"

八十四天过去了，一条鱼也没有。还是一位老人。

我们自问，这是什么样的一位老人？什么样的人能够挺住如此可怕的挫败？是什么让他撑下去的？他是什么材料构成的，竟能够坚守选定的路线，而普通的人早已经放弃了这件事情？是什么在他的脑子里或者心里煽起了一道火焰，使他去追求这股力量，这份希望，这种对于没有捕捉到的东西的持久的信仰？

为了找到一个答案，我们就要学着故事里的那位老人圣地亚哥的样子。我们现在必须继续下去，继续读下去。他的本性如同我们的本性，了解他的一些情况，我们就有可能慢慢了解自身。在所有值得尊敬的人类特征当中，正是这种勇气、恒心、对于一个目标不懈的追求，才是我们应该敬仰的。英雄与其说是内在的崇高，倒不如说是每次都到场，每次都恰好在场，而且持久不改。后来，回头看的时候，我们就称它为勇气。如曼德拉坐了很长时间的牢，甘地长时间绝食，基督面临即将来到的十字刑而面不改色。

我们最为敬仰的人所信仰的东西跟我们是一样的，我们之间的差别不在于他们更聪明一些，或更有天赋，也不是因为他们处在养尊处优的人生地位上，而在于他们总能够坚持到最后。有时候是多坚持一个小时，有时候是一天，一个星期或者一个月，但更多的时候是一年，或者十年，或者一生。我们当中有没有人真正希望在十分钟后放弃干了十年的一份工作而去领导一场伟大的事业，做出一个值得纪念的贡献，或者甚至钓到一条大鱼？

“什么是口哨鱼？”我在自己的钓鱼船上再次问那个老人。

“啊，”他回答说，“口哨鱼就是船长吹响时间到的口哨时你钓到的那条鱼。你听到口哨的时候本应该放弃钓鱼而收竿的。哪怕一个小时内都没有任何人的浮子动过一下子，但是，口哨一响，总会有人钓起一条鱼来。这样的事情每次都发生。你们会看到的。”

我们早晨已经跟向导商量好了，大家同意下午四点收竿，除非鱼咬钩咬得特别欢，如果是这种情况，我们会一直钓下去，直到人人都同意大家已经钓够为止。现在离下午四点只有三分钟了，但自日出以来没有任何人的鱼钩动过。只有那个老人还在继续钓。

早晨，大家都满怀希望。头一天，我们这群人当中有两个人在这里钓过，就在同一个鱼窝上，用的也是同样的饵，但他们干得极好，钓到了很大的湖鳟和康鲁普鳟，不断有鱼咬钩，不断有鱼上岸，全天都如此。但今天，在同样的一片天空下，由于只有鱼神才能够解释的原因，这座湖成了圣地亚哥的那个海湾的淡水翻版。

时间一秒一秒地过去。

早已经收了竿的人都坐在钓鱼船甲板上的松软坐垫里观赏北爱达荷的景色，而那个老人却还在坚守钓鱼者的岗位，他在自己的一排拖钩竿跟前来回慢悠悠地走动。有两根平线竿，两根架在索具上，还有第五根竿，那是向导竿，上面挂着铅线和银色及黑色的小鱼栓。我看着自己的手表。现在正好是下午四点，该收手了。“四点整！”有人高喊，“收线！”

向导立即大喊：“有鱼！”并迅速从我们下面的船舱里冲出去帮助那位老人。

但那位老钓鱼人并不需要帮助。他已经抓住了那根架在索具上的渔竿，并准备好了吊钩以保万无一失。然后他就开始跟那条鱼搏斗了。

“嗯，我要……”有人在小声说。另外一个人难以置信地摇头。

“我对你们说过的，”那位老人扶着渔竿说，“我说过会有口哨鱼的。”

这条口哨鱼结果是一条牛头鳟，只有几磅重，满身银色的漂亮纹路，如同上帝的指纹——它属于极罕见和濒危的鱼种，在太平洋西北部的某些水域里甚至属于几乎灭绝的鱼种。向导立即用老虎钳摘下鱼钩，碰都没有碰一下就放了那条鱼。老人笑逐颜开。

在深蓝色的天空，一朵白云飘浮在钓鱼船与落日之间，为我们提供了片刻的阴凉。我们在深蓝色的湖上划船，向导也在收竿，并且把着舵，驶向返回港口的方向。我们在钓鱼船的扇尾上都看到了钓鱼者神奇的表演，哪怕只是一阵子，而且再次证明了钓鱼人对于没有看到的东西执着的信念。有人称它为信仰。

我们横过湖水返回以后，我在日记里记下这么一句："要钓到一条口哨鱼，你必须要相信它的存在。因为如果你不相信了，就会放弃钓下去，如果你放弃钓下去，那你永远永远也不可能钓到一条口哨鱼。"

问：生活是发生在钓鱼的日子之间的事情呢，还是说生活就是你无论哪里等待的时候得到的钓鱼之乐？

一个小小的哲学教训

如果你宣布即将开始去异国他乡的国际钓鱼之旅，会惊奇地看到一些朋友立即变得迷人和有益。

“你需要一个渔竿架吗？”他们问。

“你需要有人帮你扛摄影机吧？也许需要有人来帮你搅马爹利酒？”

“听我说，我知道如何取下鱼嘴里的鱼钩！”

他们只是在开玩笑。

但是，也许他们不是在开玩笑呢？

我在他们眼中看到的是嫉妒吗？

难以置信？

为我神智是否清晰而担心？

或许那只是短短一刻的个人内省？开玩笑的人是不是在问，为什么是他而不是自己呢？

我并不觉得这些答案就那么重要。但我在他们眼中看出的那个问题却使我烦心。不是那么烦，但足以催促我非讲讲下面这个故事不可。

我还是一名驻扎在新英格兰地区的新兵时，曾被派到旧金山的一个营地，之后将再派到海外去，当时，搭便车横跨美国突然间看起来像是一个极好的主意。本可以徒步走遍美国，为什么还要去上假饵鳟鱼垂钓培训课，同时又不得不旷课呢？我跟两位朋友讲了这个主意，他们也是派到同一个岗位上去的，因此也觉得这个主意不错。我们有两个星期的假可以用来旅行，因此一路搭便车横过果实累累的平原，可以看到能够看到的一切，而且还能够四处看多样的风景，进行各式各样的探险活动。我们会成为现代的哈克贝利·费恩。我们要这么干，我的天，非这么干不可！

但等出发的一天快到时，我的朋友找到了若干理由，都是必须马上处理的急事。他们有自己的地方要去巡视，有责任要去履行。他们不能够去的理由多而全，而且都是合理的。

在我这方面，我想不出哪怕一条不去的理由。因此，秋天的一个早晨，在靠近马萨诸塞州费奇伯格市的一个地方，我踏上了高速公路，上面有很多军队邮车通过，我竖起了自己的大拇指。

就一个人出发了。

第一段路是一位妇女带领的，到了一个很早就为人所遗忘的很小的地方。第二段行程带我去了波士顿郊外。再下面的一段带我来到纽约市。那还是在洲际旅行出现之前的事情，当时，搭便车旅行更容易，也更安全。从马里兰、弗吉尼亚、南北卡罗来纳、佐治亚、佛罗里达、整合之前的亚拉巴马州，我一路都是搭便车，一直再穿过路易斯安那、俄克拉荷马、得克萨斯州，最后来到纳特金柯尔的“66号公路”，再向西到“阿马里洛、加勒普、新墨西哥、弗拉格斯塔夫、亚利桑那，不要忘记温诺娜、金曼、巴斯托、圣贝纳迪诺”。沿着一条海岸前进，横过南方，然后北上到另一个海岸，总共花了两个星期，最后我来到旧金山报到，精疲力竭，但什么也不怕了。我看到很多乡村，遇到很多了不起的美国人。跟刘易斯和克拉克一样，我也记了日记，但那本日记现在丢失了，丢了就丢了，没有什么关系。

冒险？

很多。

害怕？

有一些。

会再来一次吗？

不会。

愿意拿这次经历交换别的什么东西吗？

不。

会让我的孩子们这么干吗？

我活着的时候不会。

学到了什么？

我学到了首先你得有梦想，然后才去实现这个梦想。如果只是做梦而从不行动，那你的一生会在没有多少刺激的情况下虚度，而且肯定没有冒险。你有可能处在不同的情况下，而且必须对生活有所反应，这也许又刺激又冒险，但这跟仅仅为了冒险而去冒险有天壤之别。

我明白很多人宁愿做梦而不去真做。真做意味着冒险，代价高昂，甚至很危险。做梦安全一些，但光做梦永远也不可能去远方的河里钓一条大鱼回来。

我在过去的许多年里见识过一些人，对他们来说，做梦比现实更为重要。其中一些人是有精神病的病人，有些是自己的朋友。他们困在自己的梦想当中，既安全又温暖，他们不能够脱离这些梦想。

我有个朋友生活在东边的大城市里，他整个的成年生活一直都在梦想当中度过，他希望如果能够到蒙大拿或怀俄明州生活，或者住在我隔壁，就生活在华盛顿州东边的乡间那该有多好。他可以打猎、钓鱼，可以远足，可以露营，也可以留胡须。他将成为一个户外运动爱好者。他会是一个强壮的人，一个被太阳晒黑皮肤的人，一个在脖子上扎上红围巾的人。他可以戴上汗渍斑斑的牛仔帽，走路的时候也可以学着摇摇晃晃的。

但是，他却一辈子生活在城市的公寓里，午间去当地的假饵店里转一转，回忆他很久以前作为一个年轻人仅仅品尝过一次，而且只有很短一段时间的快乐。然后他接着做梦。

再做。

做很多梦。

多年以前他来看我，他从我的屋子里走出来，看着四周的松林。“啊，我也可以这么过的！”他这么说，“买一小片土地，搬到这里来。跟你一样去打猎钓鱼。啊，是啊，我也可以这么生活的！”

第二天早饭前，那天我要带他去钓鱼，他早早就起来了，鼻子钻在一本书里，是伊凡·多依格写蒙大拿生活的一本小说。

“今天有风，还有点冷，”我说，“但我们能够钓到一些鳟鱼。我们走吧。”

我的朋友看看敲打在窗玻璃上的雨水，又看看在风中抖动的松树。“我们稍等一会儿吧，”他说，“我属于那种晴天钓鱼的人。”

我们等着。

我们喝了一壶咖啡，然后看着暴风雨。然后，他的鼻子又钻回到了叙述蒙大拿生活的书中。

我们那天没有去钓鱼。第二天天气稍好了些，但也没有出去。时间没有了。然后他搭飞机回家了，他的幻想仍然没有受到影响，他的梦想也没有受到什么挫折。

如果你想过一种生活而不仅仅是看着别人过那种生活，那你就不能够等待天气晴朗的时候。你不能够等着天气更好的时候，不能够等待更好的时机，也不能够等待第二次邀请。祖鲁人有句格言：“因为未来总在你前面跑，如果希望抓到未来，就必须追赶它。”

对于过什么样的生活也是一样，对于钓鱼，对于寻找自己是谁，自己是什么材料构成的等问题也是一样。如果你希望过上有意义的生活，那就必须追赶它，直到你的呼吸急促起来。

很久以前的那个秋天的早晨，我站在高速公路边，身上仅背着一个小背包，裤子袋里仅有几元钱，还有在很多人看来属于不周密的一个旅行计划。我伸出大拇指，对着陌生人微笑，并且看到了美国。但我当时知道，如果自己不想成为空怀一肚子遗憾的怨天尤人的老家伙，那就必须伸出拇指，必须试试自己的机会。

万灵油

不久以前，我在斯内克河医学论坛上充当客座讲演人。那个论坛是一群医生举办的，他们每年聚会一次，看看他们把老式医学那只皮球踢到了什么程度，顺便也相互交流一下。一家制药公司在那里摆放了免费食物和红酒，因为该公司要向这些医生推销药物，是这些医生以后要开给我们大家吃的那些药物。医生们一边品尝免费食物和红酒，同时还继续进行医学教育方面的事情。资本主义很接近希波克拉底的誓言，而且就我这方面来说，人人都受益，包括你我在内。

我跟一些医生工作，为他们讲课，尊重他们，自己也请了一位医生。在大部分情况下，我都没有什么可以抱怨美国医生的。他们是世界上最好的一批医生。不幸的是，他们必须在有人经营的保健制度下工作，而这个制度如此糟糕，我不知道为什么大家还在讨论由医生协助进行的自杀问题，因为保险公司已经拥有杀死我们的权利了。从根本上讲，保险公司会拿走钱，而医生却要背上恶名，这令医生难过，也是我接受邀请到斯内克河医学论坛上演讲的原因。

我的演讲题目是《性、希望与钓鱼心理学》。我的目的是要让听众振奋一点儿，停留相当长一段时间来考虑一下自己的生活，回家的时候心情能够好一些。到讲话的末尾，我敦促与会者说，已经忙得不可开交的美国医生应该考虑一下，传统的美国看到了“时间就是金钱”，但那是一个错误的观念，换一个角度看，正好相反的事情才是正确的——金钱已经耗费掉太多的时间。因为我的讲话是万灵油，并不是所有人都带着稍微好些的心境离开的。

有些人对我的讲话带着负面反应，理由之一是我建议大家都应该放慢节奏，不要那么辛苦地工作，而应该更多地享受生活。我的职业生涯已经到了末尾，因此我说起来不嫌嘴干。主宰着一般医疗业的经济规律如下：一个小时看九个病人，然后以此谋生；一个小时看六个病人，然后将办公室的人员减掉一半；一个小时看四个病人，那你就把诊所的门关掉。怪不得美国医疗协会最常见的抱怨是“我的医生并不听我讲话”。哪一类的医生有时间？全美国只有一位医生有时间：那就是电视里面的马尔库斯·威尔比博士，这是因为他一个星期才看一位病人。

当我的演讲直奔结尾的时候，我又提起了一个脏字：钱。我提醒各位医生和他们的伴侣注意，再多的钱也买不回失去的一天钓鱼时间，也无法买到跟儿女或者孙子辈的人以及兄弟姐妹一起度过的一天。我提醒他们注意，钓鱼不仅仅只是指钓到鱼本身，而是关系到多几个小时的自由，得到跟所爱的人多处一段时间的机会。我向他们提出挑战，让他们再考虑一下那一句老话“金钱连爱情也买得到”“金钱连幸福也买得到”，或者说“时间就是金钱”。见鬼，金钱从来都没有买到为此而花的任何一秒钟。

我最后说：“再多的钱也无法买回你工作的时候已经出现的日落，再多的金钱也无法买回你本应该读完的一本书，你本可以带孩子去清澈的河边散步的时光，本可以帮助她钓到的第一条鱼。”请读我论希望这个话题的书之一。然后我就讲完了。

但没有人鼓掌。有些人不喜欢一位心理学家晚饭后突然来训导他们一顿，因此架起了他们的防御网。有些人不喜欢有人要他们检查自己已经度过的一生。有位医生走上前来，手上还端着咖啡，他详细解释了他为什么必须如此辛苦工作，为什么他无法得到那么多的休息，为什么他对此毫无办法。还有一个医生走上前来为他的生活方式抱愧。

我自问："这个人，这个完全陌生的人，为什么走上前来向我道歉？我说了什么令他们恶心的话？"

一位医生过来说："您的讲话给我启发很大，我学到了不少东西，我明年肯定会找到一些时间去钓鱼。"

而当时还是三月份。

无论什么时候，当我发表一个讲演的时候，总会强调一点，谈话完毕之后一定要去搜集一些故事、钓鱼的智慧，甚至要求去他们那里钓鱼的邀请。有很多人私下里带走一个治疗方法，如果不是为了他们自己，哪怕为了别人也好。我愿意倾听他们说话，但不可能听得太久。我逃走的借口一般是"我没有找到答案，我只问问题。我们每个人都必须自己找一条出路"。虽然我最不希望找到的东西是业务，但有时候，总有人后来愿意留下姓名、地址，或者打电话来咨询一下。

当天晚上，当"谢谢你"和握手之类的事情完毕之后，美丽的一个晚上也要告一段落了，我又在深夜出发朝我在华盛顿东部的家开去，但我会抽出一分钟的时间考虑一下自己的生活。

讲话的人可以毫不费力地编造一些谎话。由于建议和吹牛皮之间只隔着一根细线，而且是极细的一根线，因此，不时照照镜子不失为一件好事，看看自己销售的万灵油是不是真有治疗效果。

至少对目前的我来说，其效果还是显著的。

因为我深夜开车回家而不是留在旅馆里过夜的理由是，第二天早晨我有一个约会，要带两个孙女去威廉湖钓鱼，而那将是她们一辈子第一次钓鳟鱼。她们也钓到了鳟鱼，而且她们的老爷爷根本就没有帮上什么忙。

在大自然中，所有最终方案都是临时的。

北梭鱼费利克斯

我只知道他叫北梭鱼费利克斯。他还有另外一个名字，但是，在钓鱼向导和钓鱼体育圈子里，人们一般记住第一次见面时所用的名字，而不一定是父母为他们取的名字。在这个圈子里，大家还明白，除非发生了特别的事情，否则，向导和被向导的人之间的关系虽然是真诚的，但也是有所限制的。除非心照不宣的规矩在他们长期在一起钓鱼时被打破，否则，向导和被向导的人都会慢慢彼此了解的。

“很高兴见到你。”他说，同时伸出一只手，既没有回报性的一捏，也没有别的任何信息反馈回来。握手只是说“事情大概就是这样了”。

“我叫保尔，”我说，“见到你真高兴。”

“我是费利克斯，但他们叫我北梭鱼费利克斯。”

他个子很高，很有力，炭黑的巴哈马群岛人的脸，头发带有灰色，这样的发色填满了他周围的空间。我开玩笑说，他跟我一样老，但后来得知他比我大五岁。我立即对他产生了困惑。一个年龄大的人做年轻人的工作是为什么？是因为当向导是他的爱好，或是因为他必须做这份工作？他只知道做这一行吗？也许他没有受到任何教育，别的什么事情都做不来？

除非我有意着手找到答案，否则，我与北梭鱼费利克斯的关系就会一直保持这么浅，就跟我们一起去钓鱼用的南安德罗斯岛平底船一样。也许因为一位度假的心理学家应该防止为帮助自己的人进行临床问询，因此，我将北梭鱼费利克斯归入“贫穷、没有受过教育的黑人”那一类当中，然后就放下了此事。

我不知道我们人类当中是什么东西引起我们对一些陌生人很快做出不利的结论的，尤其是对另一个种族的陌生人。也许这是因为偏见是廉价和容易做出的，不需要任何时间或个人探索上的任何投入。偏见对于懒惰之人是一个极大的方便，虽然我努力将自己对于陌生人的结论保持在尝试的状态里，但是，我总是发现因为手头上有很多原型可以借用，“理解”人性就成为极易做成的事情。我希望自己是更好的一种人，但我不是。

当然，如果是在自己的办公室，我可能没有时间来考虑这些问题。一个临床心理学家不能够随便做出一个结论。反过来，你的工作是要有目的地将所有偏见、原型和假定放到一边，然后问一些针对性的、有关个人的尖锐问题来引导你走向一个人有可能对另外一个人所能够达到的最佳理解。如果做不好这件事情，你不仅会让病人失望，也会让你自己和自己的职业失败。

但说到北梭鱼费利克斯，我必须要知道多少呢？我想要了解多少？除了找鱼和确定准确的地点以外，你需要了解一个向导多少事情？如果我问一两个尖锐的问题，而费利克斯又问同样的一些问题，我愿意回答他提出的问题吗？当心理医师的好处就在于你可以问所有有趣的问题而不必回答任何问题。但是，人到清澈的河水之上以后，这样的规矩就不起作用了。另外，如果告诉某人你是一名心理学家，这会使他们的一天不痛快。

我的头一天一整天还是跟费利克斯一起钓鱼，尽管如此，关于他的一些没有回答的问题仍然使我烦心。人到了水上，感觉到向导和钓鱼者之间的关系的紧张在钓到第一条五磅重的北梭鱼时得到缓解了，因此我赞扬了费利克斯，然后问："你当向导多长时间了？"

"二十六年，很长时间了。"他大笑，然后不出声地在齐膝深的水里默默地撑船，寻找下一个钓鱼场。

我被难倒了。在船上度过一个星期后，我永远也不会承认有些无聊，但是，我已经准备回家到太平洋西北地区去了，我要看见山，感受有些凉意的微风，再次闻到松树的味道。我无法想象自己在二十六年的时间里在同样的一个地方以同样的方式做同样的一件事情，哪怕是钓鱼。

关于我的生活，费利克斯也可能有同样的感觉，但是，我就他得出的结论是，他根本不需要什么精神上的刺激，如果他有精神生活，那一定也是跟我们出去钓鱼的那些地方一样单调。我知道这个结论也许是错误的，我受到一时的诱惑，想到自己的工具包里找到一个能够提出一些尖锐的心理学问题的工具，从而校正我的一些错误概念。但之后，我提醒自己说，我这是在度假，因此又回到了关注在我眼前舞蹈的水体里面光与影的蓝、绿、红、黄这些重要的内容，因为这里面有北梭鱼在游动。

钓北梭鱼是一种禅宗式的磨炼，你保持完全彻底的安静，不寻找任何东西，因此你一切都能看见，否则，你永远也不可能在水里看到鱼，因为你的大脑被过度文明的生活搅得一塌糊涂。

“左边！两点钟！”费利克斯在身后说，“五十码。看到它们了吗？”

我看到了。两条极大的北梭鱼朝我们游过来。我开始投竿，但错估了它们的速度，因此把假饵投到它们身上了。它们受了惊吓，一下子游走了。那是我三天内见到的最大的一条北梭鱼。我心里在想，也说了出来：“见鬼！”或者说了句“该死！”也许还有更脏的一个字眼。我记不得自己当时说了什么，但我肯定那绝不会是一句文雅的话。

这也许很难相信，但是，钓鱼的人有时候也会咒骂的……他们当然总会有一个理由。跑了一条大鱼，一竿投歪了，鱼钩挂住了自己，这些事情只是少数几个触发因素，大可以引发我称之为幽闭咒语的一些东西。幽闭咒语跟银行账户一样：它包含你常常在城市的办公室里使用的一些咒语，或者跟愚笨的郡县官僚们开会时使用的一些脏字，或者跟任何该挨骂的人处在一起时使用的词，但一般来说你又不敢骂出口，因为你要讲究行为规范，要有好的礼仪，或者怕那个家伙掏出一把手枪来把你干掉。因此，你把这些誓言全都收留在自己的阴沟账户里，等以后你在钓鱼时出了某件麻烦事情的时候使用。此时你可以使用，是的，因为有别的钓鱼人也在鼓励你这么干，跟我们心理学家所说的一些“让她撕开吧”，大声喊出一大串色彩斑斓的盎格鲁撒克逊粗话的治疗效果尚且没有得到正式心理学实验的研究，但是，很明显，定期从这个阴沟账户里提取一些内容出来能够防止冠心病发作。

这样，在那个星期里，我的伙伴跟我和费利克斯以及别的向导一起钓鱼，我们将所有毒性的脏词全部提取出来……可以告诉你，这都是为了达到改善健康状态的最终目的。

在那个周末的最后一天，我和伙伴里克跟费利克斯一起钓最后一天的鱼。我们约在小溪码头见面，费利克斯往小船上搬东西的时候，我带上了钓梭鱼的旋转竿，还随意往那个小溪里抛了几竿，用的是淡黄绿色的横纹小鱼栓。我开始投第二竿的时候，一条极大的梭鱼朝鱼栓扑去，自己把自己挂上了。

奇怪的是，费利克斯示意我把渔竿交给他。他是那种你无法说不的人，因此我把渔竿交给他了，然后站到一边去。

准备去工作的人——上学的孩子们、钓鱼的人，还有向导——都来看这个老人与那条大鱼搏斗。那条梭鱼朝大海游去，但身子却被挂住了。然后，这条猛鱼上游下潜，穿过了停在那里的一长串钓鱼船底部，跑了很长时间，奋力地奔跑，但费利克斯还是想办法把它拖到岸上了。正当那条鱼不再挣扎的时候，它却翻身脱了钩。鱼再次获得自由，它翻过身去，慢慢游到水底，然后再次投入大海的怀抱。

费利克斯没有咒骂。他并没有冒出一大串不敬的话，也没有把自己的阴沟账户余额全数提取出来。反过来，他对自己咕噜了一句什么，然后将渔竿交还我。“钓鱼就是这样的。”他说，咧嘴笑起来。

那最后的一天，我们钓北梭鱼一直钓到很晚，还因为额外多花了时间而付了费利克斯很大一笔小费。他一个星期都努力工作。除了十五分钟的午休以外，他从来都没有停止工作。他极有帮助，但从来都不责怪别人，非常友好，从来都不专横，费利克斯从各个方面来看都是最好的向导。而我，因此对自己的假定一直觉得安心，也就让我们之间的事情保持原样。

到那天结束的时候，他问道："保尔，你以后还会来这里吗？"

"可能，"我说，握着那只什么信息也没有传达出来的粗糙有力的手，"至少明天你可以不用上班了。"我还补充说，我知道他已经好几个月没有休息过了。

"啊，不！"他大笑，"明天是星期天，星期天我为上帝工作。"

"是吗？"我说，感觉到支撑我的偏见的基础开始动摇了。

"你看，"他解释说，"我天天都在船上工作，但心里总想着星期天。我在考虑自己的布道。我在想《圣经》，考虑人们需要什么。我在自己的脑子里写布道词，然后回家后再写出来。我猜我没有告诉过你，我是这个镇上的浸信会传教士。"

"嗯，"费利克斯大笑着说，"你们来这里放松一下。如果你们知道我是做什么的，可能会，嗯，你们明白吗，可能会使你们玩得不开心。"

父亲的礼物

我小的时候，父亲对我管教甚严。不是小气，而是严格。他不喜欢抱怨的人，也不喜欢“称病不出”的人。工作的时候你就必须卖力干，玩的时候也必须使劲玩。如果你跌倒在地擦破了膝盖，必须跳起来再跑步，让自己忘掉疼痛。我父亲是个远足者，也是一位钓鱼人，他经常带我和兄弟们拉练，走很远的路，爬很高的山，还要背很重的东西，直累得人精疲力竭为止。他带我们去加利福尼亚州的高山区寻找金色的鳟鱼。山越陡，远足的要求越高，我们玩得越开心。我当时只是一个小孩子，但慢慢明白了这个道理：除非你的脚上打了泡，腿疼得走不动了，除非产生了高度晕眩反应，否则你不会得到很多快乐。

老爸有两个人生信条：人生有价值的东西都来之不易，而痛苦不能够阻止你过上这样有价值的生活。这许多年之后，我觉得他在两个方面都是正确的。

陆军的新兵训练营地对我有完美的意义。身背整套的行装跑了一英里之后，旁边有个小伙子开始呻吟了："他们这是要干什么，累死我们吗？"

"你的意思是说这不好玩？"我问。

那个小伙子马上回嘴："你需要去看精神病医生！"

老爸认为，无法累死你的东西会使你强壮，对于重大的事件而不是事件本身就应该是这种态度。不管是什么事情，不管是什么样的工作，不管目标是什么，不管有多么疼痛，不管要忍受多大的痛苦，人的心态是最重要的。没有这样一个参照物，不可能的事情仍然是不可能，不可接受的还是不可接受。如果你相信某事不可能做成，那它永远也不可能做成，因为你永远也不会开始去做。因此，有很多人还没有踏出第一步就退出了一次困难的旅行。这对于所有的努力都是一样的，不管是外出钓鱼、赚钱或者从生活不可避免的伤痛中恢复过来。

多年以前，我受聘评估一位有慢性疼痛的病人，他在一次工伤中断了好几根手指，因此经常觉得断掉的手指疼得不行。为了解决他的疼痛问题，他已经吃麻醉药上了瘾。他用皮手套套住受伤的手，里面灌满凡士林，还将整支手臂吊着。他失去了工作，婚姻也出了问题，他的生活停止了，仅仅围绕着他那只受了伤的手。他的身体受了伤，他的思想也已经跛了。

这次诊疗之后的几个星期后，我又见了一位妇女，她也有功能障碍问题。她丈夫陪她到我的候诊室来，我见到他的时候注意到他的左臂盖满显眼的红色伤疤和变形的肉。我的好奇心激发起来之后，说话总是太鲁莽。我问他："我说，你的胳膊怎么了？"

"卡在打包机里面了。"那人笑着说。

"我的天！"我惊叫一声，"那一定疼死了。"

"是啊，"那人说，"差不多弄死我了。"

"你吃什么东西止疼？"我问，想到上次那位吃麻醉药上了瘾的病人。

"什么也不吃，"那人回答说，"我不喜欢吃药。"

"那你怎么办？"

"摇几下算了。"

"摇什么？"

"摇我的胳膊。"

"那能够把疼痛摇走？"

"摇走一些。"

"那你摇多久？"

那人转头看着他妻子。"多久？亲爱的，一年吧？"

这两个人在各自的伤痛上并没有什么差别，区别在于对这些伤痛的态度。我对自己的学生讲了这件事，目的是想让他们明白我父亲多年以前教给我的东西：不能让你死的东西会使你强壮，对重大事件而不是事件本身的态度最为重要。

我为那些不钓鱼的人们感到难过。他们每天早晨一睁眼就会意识到，这一天又将平凡地过去。

正午下雨往外跑的
只有疯狗和钓鱼的人

我慢慢注意到这么一个事实：有些钓鱼人不喜欢在雨中钓鱼。

很好。

我喜欢在雨中钓鱼，有时候还在雨中一边钓鱼一边唱歌。如果雨把一些钓鱼人困在家中，于我是正中下怀。因为我唱歌并不在行，因此没有听众才是最好的听众。

曾几何时，我也不喜欢在雨中钓鱼。如果天气预报说有雨，那我就留在家里。我并不在意钓起湿乎乎的东西，但我不喜欢在这么干的时候把自己的身上弄得很湿。

接着有一天，我突然想到，鱼可并不操雨的心，除非雨水把食物冲进水里。雨水会打击昆虫，会冲下臭虫、蠕虫、石蚕幼虫和其他美食，全都流到鱼的餐桌上。

鱼的餐桌就是它生活的水体。有时候，这张餐桌是满的，有时候却是空的。下雨的时候，餐桌就开始堆满食物了。一场及时的大雨会凑成一顿盛宴，如同号声大作，佳肴频频。

只有愚蠢的钓鱼人才不会请自己去参加这样的鱼的盛宴。当暴雨狂下，鱼的杯中美酒溢出的时候，这就是钓鱼人去传递大菜的时候。狂乱发疯的鱼来到餐桌上，下巴紧挨着亚麻布，嘴唇大张，又吃又喝，又嚼又啃，此时，就到了让它们傻一回的时候了。

因此我在雨中钓鱼，有时候还即兴高歌。

金·凯利在雨中又唱又跳，因为他被爱情燃烧得脑浆冒烟；我跟他一样在雨中钓鱼唱歌，是因为我也被爱烧得脑浆冒烟，我是指对钓鱼和人生的爱，不管是在雨中还是在阳光下。

因此，下次等天下大雨，你正好在正午经过一座湖或者一条河或者一条小溪，看见某位发疯的钓鱼人蹲在一条用鼠尾草和蜡纱顶着的钓鱼船里，穿着齐膝橡胶长靴的时候，如果他正好还戴着宽边四号海狸帽，上面还绑着一条羊皮带，带上有三个一流的钓虹鳟鱼假饵时，别担心，那个疯人就是我。

或者说一个疯人就像我。

的确有点疯。

带自己的经验来

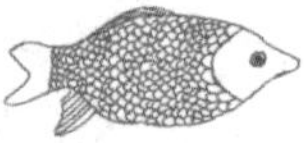

如果你出门钓鱼仅只为了鱼，那你肯定是个新手。钓鱼只是捕获鱼的一部分，也许还是较小的一个部分。说到底，钓鱼多半是关于捕获什么东西的，这东西比任何游动的东西更为重要。钓鱼讲的是捕获的知识。

虽然捕获到一条好鱼会增大你的知识供给量，但钓不到鱼也是一样。钓不到一条鱼本身也有可能是一个相当丰富的知识来源。例如你什么也没有得到，根本谈不上打破青鱼垂钓量的世界纪录。再举个例子，你八月去麦迪逊河连钓了两天鱼，但什么也没有得到。处在一群极成功的钓鱼者当中，你成了最不走运的一个垂钓者，这些就是传说的材料，尽管是无可否认的传奇。

每次钓鱼旅行都能提供获取一些知识的机会。可能是一大桶的知识，比如从钓鱼船上翻落入水，或者损坏了一根家传假饵渔竿，或者因为一场飓风而刮落水中；或者只是一小杯的知识，比如说步行穿过一片茂密的树林来到一个鳟鱼小溪旁，或者脚下有只毛茸茸的松鸡逃走，就跟一枚手雷一样让你的心狂跳起来。

钓鱼知识并不像高尔夫或者足球或者网球技术，也不像任何一种观赏比赛项目当中的知识。钓鱼属于野外运动，钓鱼知识必须由个人亲自慢慢地收集。你无法通过八〇〇钓鱼号码得到这些知识。你不可能在自己喜欢的酒店里坐在几个钓鱼人的旁边，偷听他们的谈话，然后盗得一星半点有价值的经验。你买不到、偷不来、借不到，也讨不到这样的经验。你得自己亲自去。

钓鱼知识之所以是知识，正是因为它是地道的。得到真货的唯一办法就是到水边去，等待事情发生。当然，你可以去寻找钓鱼经验，但那并不意味着你会找到任何经验。钓鱼知识是自然而然地出现的。

经验就是你踩着一根圆木到你觉得很浅的钓鱼地去，结果却发现自己掉进齐胸深的鳟鱼溪里。经验是一阵大风刮过来的时候，把你的鲈鱼假饵吹到一边去，结果差点把你自己的耸球帽缝在自己的脑袋上了。经验是裂开的嘴唇，是漏水的胶皮衣，是扭歪的脚踝。

最精细的钓鱼经验就是差不多能够杀死你的那一种。想象一下，一位从鲨鱼嘴里死里逃生的平底船钓鱼者收集到的经验吧。从我个人来讲，只要是关于鲨鱼的经验，我照例什么都讲，只要这样做不需要缝合就行。如果一头阿拉斯加棕熊想要你的北梭鱼窝，那就在它面前不要大手大脚地移动，光是这一点就是一流的经验；如何不被风暴掀出钓鱼船外，或者被连船带人一起沉掉，这也是需要相当多经验的。

顶级钓鱼经验终身受用。如果你写下来，我们钓鱼作家都知道，好的经验可持续至永远——正是这个原因，当我们有一个目击者有朝一日真的读到我们对某一事件的描述时，我们这些抄写员就有责任努力描述那个实际的事情，不管那是叫人多么不舒服的一件事。

真实的钓鱼人一英里之外就可以嗅到愚蠢的钓鱼经验的味道。如果你咬它一口，品味起来味同嚼蜡。如果你猛击一把，会听到里面发出空洞的声音。如果你扔下它，它不会弹跳。极差的钓鱼经验是业余工作者总结出来的。是像虹鳟一样跳动的棕色鳟鱼。比目鱼跳起来如同棕色鳟鱼。有时候，这些钓鱼经验会愚蠢到连不钓鱼的人也能够嗅出来的。廉价的经验发出恶臭。

如果你是钓鱼的人，就不难发现高品位的经验。很明显，北梭鱼在许多年里可能会长到几英寸，但是，因为钓鱼者的手指上还带着那些小小的白色的梭鱼牙咬过的痕迹，可资证明那条鱼在他说的地方咬过他，那你知道这个人就是真正的经验来源。

虽然，一点点钓鱼经验可以糊弄陌生人很长时间，这一点的确是真实的，但是，如果跟钓鱼的朋友或者熟人一起，你就需要新鲜的经验才能够跟上他们了，这是另外一个原因，说明我本人为什么被迫尽量多地钓鱼。如果一位钓鱼人工作极忙，过去的一年只外出钓了一两次鱼，到了年度钓鱼露营的时候只剩下很少的一点儿新鲜经验，那就没有比这更可悲的了。他坐在那里，两眼茫然地看着营火，再也没有什么话可以说出来的了。这是另一种浪费了的生活。如果他去年没有外出钓鱼，而只是去赚到了很多钱，或临时编造了很多假经验，或者更可笑的是退守到了陈旧的物质主义上，那我请上帝原谅他。

如果仔细体会钓鱼经验，它就会给予你很好的照顾。你永远也不知道自己是否需要很多东西。你有可能在钓鱼露营时陷在一场暴风雪里，或者有可能跟一群钓鱼人一起困在一座荒岛上，或者在别的什么地方只能够靠经验度过几天、几星期或者数个月。没有食物、没有水、没有酒，这有可能造成灾难性的后果，但是，没有钓鱼故事却有可能形成毁灭性的打击。

钓鱼与其说是钓到鱼，还不是说是寻找你尚且没有注意到，直到绊倒在上面才明白的宝藏。钓鱼故事轻松，不分年龄，无须代价，也是不可替代的，不像一张家庭照片，因此它们比钻石更为宝贵。我无法明白会有人觉得自己的钓鱼故事收集得太多了。

还有一件事。

如果你把收集钓鱼经验的艺术仔细地传授给跟你去钓鱼的儿孙辈，传授给侄儿侄女，传授给邻家的孩子，它就成为民俗艺术，成为最精细的口头文化传统。

从养太阳鱼的鱼塘穿过林地走回家，从大海、湖泊或小溪处远道回家时，尤其是钓鱼之后的营火旁，这都是极好的钓鱼经验培训学校。你作为一个钓鱼者的工作就是要教孩子们如何为自己收集钓鱼经验，如何使这些经验成为自身的体验，如果用自己的名字打上烙印。你的工作是要告诉他们如何关心它，如何让它保持干燥，如何讲述和再述它，直到它燃起熊熊火焰，在人生更大的放渔线机会中予以利用。作为一位老渔翁，你的教化职责是相当重的，对于钓鱼的未来极其重要。要不然，这些故事如何得以流传长久？

我开办过很多钓鱼经验培训露营会，因此正在准备开办钓鱼故事会和垂钓经验学院。这是一种非正式的行动，每隔一个星期二在我家开办一次。可在营火旁免费得到一个座位。没有学费。随便穿什么衣服。作为学员只有两个要求：带孩子来，还有BYOL（Bring Your Own Lore，带自己的经验来）。

日记一则：绑假饵

我刚刚绑完了七只鳟鱼饵。开始的时候我准备绑一打的，但绑假饵的时候，我从来都不按生产计划办事，用假饵钓鱼的时候我也是这样的。生产计划在钓鱼当中没有地位。

这些都是软毛饵。粉红色的身子、棕色的身子、黄色的身子、橄榄色的身子，我用所有可能和不可能的颜色绑这些假饵，让鳟鱼所有的狂想得到满足。

这种假饵是你在表层钓鱼用的，或者是在下沉的渔线上用的，或者是在一条划动的小船上放在深处慢慢拖钓用的。它们被称为湿饵，或者慢浮饵，它们假定能够装扮成很多种游动的臭虫。它们能够装扮成什么东西我并不是很在意，只要鳟鱼喜欢就行。

而鳟鱼的确也喜欢它们。

你用几团线绑出一个软毛假饵，一个小小的有形材料，或者用石鸡胸毛在颈圈处绑上一两圈，然后绑好，固定好头部，然后就好了。

你并不需要钟表匠的巧手。耐心就是你需要的一切。奇能巧技你不需要，假饵高级编技你不需要，需要的只有一点点时间，借助好点的灯光，还有一点点希望。

我之所以喜欢绑软毛假饵，部分是因为我喜欢打石鸡，因为石鸡毛就是这么来的。我用老式的十二号口径的贝雷塔鸟枪，是三十年前买的。我每年秋天打两三只鸟，要鸟毛也要鸟肉。我用极好的白葡萄酒慢慢煮鸟肉，然后配茭白和新鲜芦笋一起吃。羽毛晒干以后成为鳟鱼饵的极好来源。

关于贝雷塔鸟枪：当时我还在研究所，有一个妻子和两个孩子，除了一点点希望、一大堆债务和学徒工资之外什么都没有，当时实在买不起极好的意大利鸟枪。

但我娶了一个罕有和神奇的女人。

安对于她爱的人总相信两件事：他们应该得到心中最喜欢的东西——不管代价多大，不管后果如何；而且对于你所爱的东西，昂贵就是便宜。贝雷塔鸟枪是我心仪之物，也是最便宜的东西。

我极想得到那把鸟枪的时候，当时还在赚一点儿外快，就是为一家大学的异常心理学课程主持函授教学。我把课程寄出去，学生们写一些文章，然后寄过来让我打分。课程结束的时候，一张好端端的支票就随邮件寄了过来。安说："把鸟枪买来。"

我与她争论，但理由不很充分。

尽管我们当时什么都缺，从起居室里的沙发到一台像样的电视机，到孩子们冬天穿的新外套都需要买，但是，她坚持先买鸟枪。

那只鸟枪还在，老婆也还在。

任何一个女人，如果她爱你爱到确保你拥有所有自己觉得需要的昂贵的玩具，还支持你为了鱼而遍游世界的热情，那她就是一个真正杰出和绝妙的人。

我告诉这个女人说，我爱她至少一天两次。

事实上，我现在就准备上楼告诉她。

兄弟钓鱼竞赛

钓鱼竞赛并非新鲜事：我哥哥约翰和我于1953年发明了这项游戏。我们彼此相隔的年龄不到一岁，我们还发明了兄弟相仇。为分出一个胜负，为了方便讲述这个故事，我哥哥变成了该隐，我就成了亚伯。如果不是我父亲在一个夏天于绿湖上干预进来，我兄弟和我有可能重演了《圣经》中的这出悲剧。

原来的该隐和亚伯是不是钓鱼者到现在还是一个没有弄清楚的问题——这个信息在《圣经》从希腊文翻译过来的时候丢失了。我们知道从古代开始就已经有了人工干蝇钓鱼了，还知道用藤条钓鱼可一路追踪到最开始的时期，因此，看起来该隐和亚伯都是用干蝇钓鱼的人，而且是他父亲亚当教的，这应该是一个相当合理的假设。没有藤条和手绑上去的干蝇，那就很难说伊甸园就真正是什么天堂了。我自己无法在脑袋里面构思出天堂里插满“严禁钓鱼”标记，不管是在天堂的这边还是那边。但地狱里，我肯定，一定会插满这样的标志。

现代钓鱼竞赛的诞生是1953年的事情，诞生地就在通往绿湖区一个高山湖的小溪里。比赛目的是虹鳟鱼、奖品和现金。我记得是两美元。可选的武器是藤条渔竿和12号干蝇。鳟鱼是不太情愿的参与者，而该隐已经冲到前面去占据了最好的投竿石，因此已经跟亚伯形成了三对一的局面。

“第四条了！”他喊道，“第五条！”

我尽管使出了浑身力气，但还是不能够像该隐一样投得好。比赛已经开始三十分钟了，我连鳟鱼的影子都还没有见着。

“哈！第六条！”该隐在吃亚伯的午餐了。

恨一个兄弟跟恨一个陌生人不一样，后者要好一些，好得多。只有当你仇恨一个亲族的时候，你才能够体验到真正邪恶、真正特别的仇杀冲动，而这样的冲动是经常在你与一个血亲之间产生的。就是这么一个人，你过去经常被迫向他道歉，为避免杀死他而去跟他握手，把买生日礼物的钱拿去送给他，就为了一个根本就不该发生的事情。我有两个兄弟，过去曾仇恨过他们，现在又在爱着他们，因此我毫不奇怪，世上并没有什么兄弟节，你也无法找到一张明信片和一只足够大的信封来装进一枚邮件炸弹，更不用说哪怕你找到了这样一张明信片，而且上面还有现成的名言，那也不能够承载足够恶毒的意义。如果不是爱孩子的父母从中加以监督和修复，这种可爱的兄弟间的爱恨关系就会跟冷若冰霜、锐似刀锋的狠心肠的西西里人对待一个不忠的家庭成员的行为一样。不管这种古代的该隐与亚伯之间的关系是怎么样的，我只能够对你这样说：除非你快快长大，否则事情一定很好看。

该隐钓到了他的第七条鳟鱼，他转过身来，望着我傻笑。我伸手摸自己的腰刀。但是，因为我是一个信基督教的好孩子，因此我永远也不会伤及我兄弟头上的一根头发，尤其是在没有地方藏尸的情况下。

我借口要找更容易获利的一块石头抛竿，因此就朝上游走去，来到了个浅滩处，然后过河，悄悄溜到该隐的后侧。跟现代钓鱼竞赛不一样的是，当时尚且没有规定不能够阻挡竞争对手。我伸手摸到跟前的一根棍子，趁该隐倾身抛竿的时候一把顶了他一下子。没有想到这小小的一推竟使他向前一扑，脚下一闪，一下子掉进绿湖了。父亲在河下游的地方喊道：“是不是有鱼产卵了？”

然后是一阵大喊和尖叫。该隐还有几句话想说出来。该隐浑身是水，他从湖里爬出来，眼睛瞪得血红，就跟他上次想杀掉我的时候是一样的。我朝老爸那边跑去。

有很多人觉得亚伯是无辜的，而坏蛋该隐是在没有足够理由的情况下杀死亚伯的。这完全是不太可能的。我的钱说，亚伯完全是活该。

因为父亲在场，第一次钓鱼竞赛在没有流血冲突的情况下结束了。钱没有易手。父亲命令我们回到营地去，当天下午的其余时间不准钓鱼，而且还惩罚了我们两个人，他的理论明显是说，他至少有一半是对的，这一点，如果你养过孩子的话，是一个相当能够接受的平均数。

父亲还明确地说：竞争与涉水在干蝇钓鱼世界里没有位置。出于我的钱的原因——除非是为慈善事业捐款——它仍然没有位置。想到竞争性的现金钓鱼，这使我在寂静的夜晚猛地跳了起来。总体来说，我知道亚伯是如何死掉的。

你们可能还在问，该隐是在什么地方与亚伯打起平手的。当然，他做到了。往坏里说，我在背包里摸到一些石头；往好里说，该隐在他的睡袋里发现了一些松果。真的，该隐在钓鱼的事情上是胜过了亚伯，但是，该隐一直都没有能够睡好。

当我年轻时……

当我年轻，而且拥有和能够肩负起煤炭工人的重负时，我常常扛起一条很重的十二英尺长的哥伦比亚牌纤维船，一直扛到郊区度假船的顶端，那些船都是1965年产的雪维牌。完全是一个人扛。我当然会抱怨，当然会发牢骚，但是，我是个有男子汉气概的人，只需要稍微骂几句脏话就能办完事的人。有一天，我到了四十岁左右的时候，一只门链在我背后松了，我只好依靠朋友和伙伴。最后，我买了一条便宜的小游艇。

经过三十年和许多条游船之后，我仍然只有那条哥伦比亚老船。虽然它已经值不了多少钱了，但是，不管别人出多大价钱，我还是拒绝出卖它。反过来，当我遇见没有钱买钓鱼船的年轻人的时候，那年轻人又是我所喜欢的，而且我又觉得他们是真正的钓鱼人，我就会把我的老哥伦比亚船借给他们用一年或者两年，直到他们有钱买自己的钓鱼船为止。

下面是一个受到启蒙的、符合自我利益的行动；通过制造这么一个小小的责任气氛，我可以确保大家都会接到钓鱼邀请。也许老到不能动弹的时候，这些年轻人至少会在我身边停下来吹一吹牛。这不也是很可爱吗?

给钓鱼伙伴的一封信

诺尔曼·布拉佛曼博士现在是美国国家卫生研究院的心理学家，他是我的一位很老的老钓友。他也是加里·拉森的数幅著名卡通画里的“正常”人物。在拉森的一幅卡通画里，有一个人满载着一船鱼朝上游划去，旁边的小段文字写着：“老诺的繁衍服务。”这幅卡通画发表的许多年后，诺尔曼想起一个名叫加里·拉森的小孩子参加过他在华盛顿大学举办的心理学班。因为我和诺尔曼教同样一批本科生，因此，拉森极有可能也在我的班上。因为诺尔曼曾对学生谈到过我们去郊外钓虹鳟鱼的事情，他就不知道他和“正常人”是不是同一个人，因此给加里·拉尔森写了一封信，想就此事问清楚。他接到下述回信：

亲爱的诺尔曼：

是的。

加里·拉尔森

最近，我本人也给诺尔曼写了一封信。

亲爱的诺尔曼：

我今天晚上本想去钓鱼，但没有去成。我想去钓比目鱼，但因为本来约好的一个伙伴没有来，我就只好取消了。您作为一名狂热钓鱼者在这样的情况下是不可能让我失望的。

我开车去当地的一些湖，想看看鳟鱼，但因为没有看到鳟鱼上浮，水面上也没有动静，因此我决定与其今年夏天再钓一次沉渔线，还不如回家来给你写封信。

考虑到你那名极其聪明、准备上医学院的钓鱼之子，我这里附寄了一篇文章，是从《科学消息文摘》上摘下来的，讲的是医学神经肌肉学研究当中最新的进展，那是他本想去研究的一个领域，这是我根据你最后的一封信想起来的。请仔细记住里面的内容和文章的重点，形成一个智力上的问题，然后等下次跟他一起吃午饭的时候突然提出来。来自一个不可能出现的研究领域的熟知和没有预料到的问题是很好的一个打击：你有时候可以轻松地打得他喘不过气来。

我之所以提出这么一个建议，是因为我相信，对于你的那些年轻人，羞辱是必需的，对他们的性格发展有好处。这有助于培养一种对别人的慷慨精神，以及对于别人的尊重。年纪大的人需要尊敬，而我们的年轻人也需要尊敬一下别人。我们年龄大的人需要赢得尊敬，但是，他们必须为此付出代价。这是很合算的一笔交易。因此，应该尽早为孩子们提供一些成长的机会，以免太晚。

就在你我之间，我总是发现不时恐吓一下孩子们是很重要的，尤其是在他们开始发育的时候。作为父母，你必须在鳟鱼溪边做这件事情，或者在营火边，或者在喝咖啡的时候。否则，你有可能把这项任务留给了新兵训练官，假如你的孩子进了新兵营的话。不管成人仪式和接受能力是如何培养起来的，它们都必须培养起来，否则，我们的孩子总也不会长大。

如果有必要的话，可以造一些假文件。这类的造假不可能出错，开一开这样的玩笑，对这样好自吹自擂的年轻人来一点儿血腥的挑战也不是什么大问题。新兵训练营对此很擅长，而上帝也因为他们的技能而祝福他们。阿尔法男性早在数百万年前就开始利用这种工具来抚养自己的年轻人了，我们现在也不能够放弃这样的办法。世界需要强硬的人，不管是男是女。我们对孩子们所能够做的、最差的事情莫过于对他们温情脉脉，咬他们的钩，为他们的可恶的感情考虑太多。感情是很重要，但是，他们在紧要关头并不指望这些东西。

谈到感情的问题，我父亲到今天为止已经去世四年了，这也是我今晚想钓到一条比目鱼的原因，也是我决定给你写这封信而不去钓鳟鱼的原因。比目鱼是父亲最喜欢的鱼，他喜欢钓比目鱼，喜欢保存比目鱼，也喜欢吃比目鱼。比目鱼是父亲在中西部度过童年时代梦想的鱼类。我能够帮助他钓到一生最希望钓到的最大的鱼很是高兴，当时他正病重。他是在斯布拉格湖上一个多岩石的地方用拉伯尔蝼蛄鱼栓钓到的。那条鱼大约重达六磅，根本没有只入不舍。

诺尔曼，我的父亲是一名真正的阿尔法男性：外强内软。他一生极力保护他的家人，保护穷人，保护弱者，对于欺侮无法自我防卫者的人，他可以当即放倒对方。尽管我们在教育上有很大差异，但是，老爸总是知道如何向我问一些尖锐的问题。我非常怀念他。

八月再见，到时我们一起用假饵钓鳟鱼。

在坟墓的彼岸钓鱼

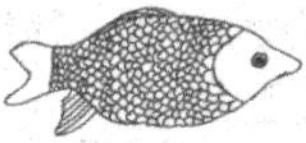

除非你最近到处买棺材，否则，用假饵钓鱼已经入侵殡葬业这样一个事实一定会使你大吃一惊。

我知道它使我大吃一惊。

这也使我宽了一把心。至少终于有人在考虑已经被迫放弃溪流但又极想投出最后一竿的钓鱼人的需求了——假如投竿可以从面朝下的位置上进行的话。

这些想法虽然有些怪诞，但是，它毕竟还有一些幽默的意味，这些想法令我宽慰，因为我最近帮助家人到处买棺材。不是一次，而是多次，光是去年就进行了三次。我现在差不多就六十岁了，我发现很多我认识多年的人纷纷去世，甚至连“老母，可容我先走？”的话都不留下一句。结果，我花很多时间站在殡葬馆的门前，听教堂里传出哀悼之声。

在这样四处走来走去的时候，我见到过很多做殡葬业的经理人。他们告诉我说，殡葬业的经理人都有很强的幽默感，虽然他们都尽量隐藏这种幽默感。由于他们在做那些真正恐怖的事情时明显吹着口哨，但是，有人告诉我说，真正使殡葬业经理人伤心的事情是，很多家人不要结实的桃花心木棺材而宁愿选便宜的钢制盒子，售价仅2295美元。尽管他们表情严肃，声音压得很低，但是，我想象殡葬业经理人真正艰苦的工作是保持一张拉直的脸，同时要让大家看到已经死去的用假饵钓鱼的人的棺材。

“啊，是啊，”殡葬业经理人说，同时死者家属正在摸一个里面有极漂亮装饰的棺材，“我理解假饵钓鱼者的特别需求。注意用丝质品装饰好的鳟，还有安静的湖，还有精细的……”

殡葬业预计近期会有假饵钓者大批死亡，这个预测既让人内心不安，又让人松了一口气。内心不安是因为，谈到占有市场份额时，没有什么是神圣的；而松了一口气是因为，至少伤心欲绝的人有机会将假饵钓的乐趣与蛙鸣声的不快结合起来。

作为我最近时常光顾棺材店的后果，也作为积习已深的假饵钓鱼者对于时间的持久意识的后果，我很抱歉地向大家报告，死去的钓鱼者的需求并没有得到完全的满足。例如我研究过，缝制在棺材内里的假饵钓鱼的景色处在死者的眼睛上方水平线。这是个极大的错误。除非他们在合上棺材盖之前为你配上特别的放大镜供你观察极近距离内的东西，否则，你会在头疼中度过永久的时光。

另外还有一件事情。不管是谁设计的这条能够在棺材里跳跃的鱼，他一定一点儿也不了解鳟鱼。鱼类生物学家们，请仔细看看：这并不是真正的虹鳟鱼，也不是别的任何鳟鱼，不管是真鱼还是假鱼。这是一种廉价的商品化艺术，根本不值得活人一看，更不用说死人了。

家人继续往前看别的样本，我却弯腰继续研究樱桃木制的棺材，并再次研究了用丝绸装饰起来的鱼。那是一种鳟鱼形的东西，看上去的确像鱼，但根据颜色来看，我甚至都不能够说清楚制造者认为那是什么样的一种鳟鱼。我抬起头来随便走走，结果看到了经理人的眼睛。

“这是为钓鳟鱼的人装饰的吧？”我小声对这个人说。他穿着严肃庄重的衣服，低过头来听我说话。他是位中年经纪人，走路有点跛，就跟《新科学怪人》中的马蒂·费德曼一样。这位经理假装关心。他头上戴着极不合适的一顶帽子，我不知道那是不是从一位客户头上取下来的。

“我们尽力预测各种各样的需求。”他笑着对我说，那笑容很像凋谢的玫瑰。

“我不是专家，”我主动说，“但那是什么样的一种鱼？”

那位经理人弯腰看看那口棺材，研究了里面的针线活。“我想那是一条鳟鱼，先生。”他说，明显对自己的视觉能力感到满意。

“我知道那应该是一条鳟鱼，”我说，“但属于哪一种鳟鱼？”

一阵困惑的表情从他脸上掠过，然后很快被皱起来的眉毛所掩盖，还有一种极其关心的声音。“你是他儿子吗？”他问道。

“某人的女婿，”我说，“那边几个人才是做决定的人。”

“明白了。”他笑笑，轻轻地转身，“明白了。如果你不介意，我现在就去看看他们需要什么。”

他明显不是个钓鱼的人，而且虽然有点像马蒂·费德曼的跛足，这位经理人还是从厚重的地毯上走过去，就好像他的屁股是由梅赛德斯汽车公司生产的一样。

我最后一次研究一下装饰鳟鱼，然后叫安过来，对她说：“亲爱的，我死的时候，千万不要买这种有假鳟鱼的棺材。要么像埃及人一样葬我，把我所有最好的渔竿、渔线轴、一双不漏水的胶鞋、一些我可以永久欣赏的艺术品都放在里面，要么就火化算了。”

安无力地一笑。毕竟，我们买的是她母亲的棺材。“孩子们已经抓了阄，决定了如何分你的渔竿了。”她说，“因此，我猜你明白那是什么意思吧。”

在她回头到她姐妹那边去之前，我问道：“请在我彻底死亡而且尸体冰冷以后再让他们分吧。”

这个悲伤的日子所做的事情并不是白费。为我亲爱的岳母选好了一副棺材，然后钱也付了。她本人也是一个喜欢钓鱼的人，她一定不会喜欢那些极差的艺术品的。

从我个人来说，我做了一个重要的决定。

为我进行服务的时候，我要确保现场有很多很多钓鱼的照片。尤其是在开放酒吧里照的那些。我正在重写遗嘱，以确保下列遗物出现在我的葬礼上：一双旧胶鞋，几十条大马哈鱼、鳟鱼，还有钓北梭鱼的假饵；一两根喜欢的渔竿，很多真正的鳟鱼和其他竞赛用鱼的照片。我希望哀悼者能够妥善处理这些心爱之物，那是我借以度过一生的物品。在陈列出来的遗像下面，他们应该能够看到——我凭模糊不清的眼睛相信——下列文字：“不要为我伤心。见鬼，我认真钓了一辈子的鱼！”

路上如见佛，请带他同去钓鱼

我想去安德罗斯岛上钓北梭鱼，因此等候去巴哈马群岛的班机，候机的时候，我遇到一位来自马来西亚古道热肠、能说会道的退休英语老师。他是马来西亚本地人，到美国来看他的第四个儿子从沃顿商学院毕业。虽然他并不钓鱼，但是，我们还是很容易就攀谈起来。我们分手之前，我已经明白了禅宗大师从来不自杀的原因。

“我并不钓鱼，”他抱歉地说，“从来都没有钓过。我父亲教我集邮，这么多年来我也集了不少。”

“我父亲教我用假饵钓鱼，”我说，“经过这么多年，我也收集了不少假饵，但我们两人当中有人做了更好的投资。你说说当集邮者的事情吧。”

后来，我打破了老规矩，对他说我是靠当心理学家谋生的，不是靠钓鱼，也不是靠写作。说这话有时候是很危险的开头，很容易就毁了一场谈话。

“我们马来西亚没有多少心理学家，”这位集邮者说，“我们忙着建设一个新国家。我们需要工程师、科学家和商人。我不相信我曾遇到过一位心理学家。你都干些什么事情？”

我不喜欢这个问题。没有哪种答案似乎是合适的，或者是合理的。最好当一个钓鱼人和作家，而不要当我的一位不是心理学家的朋友所说的“鬼”。因此我对他说，我跟有抑郁问题的人工作，作为一名专家，我试图阻止一些人自杀。这最后一句话看来引起了他的兴趣。

“为什么会是这样的呢？”这位先生问，“为什么这么多美国百万富翁喜欢开枪自杀呢？他们都很抑郁吗？”

我开始解释，但内心里却极希望要是开始不谈这个问题而谈谈钓鱼就好了。我为他大致讲了一些抑郁的事情，它最常见的成因、它的迹象和症状。我甚至还对他讲了作为严重和慢性抑郁的结果而造成的神经传递质的缺乏，让他烦得要死。就在他的眼光很快失去光泽之前，我停顿了很长一段时间，让他明白一句话。

“抑郁在马来西亚是非常简单的，”他说，“在我生活的

地方，我们有一位韩国禅师，不久之前他讲过一
事情。他说，抑郁是由问题引起的。你有问题的
决这些问题，否则你会抑郁。在你解决问题之前，
问题。”

我极想知道东方人治疗美国精神病常见症状的疗
问道：“哪两个问题？”

“第一个问题是：‘这个问题能否解决？’”

我点头，认真听他讲，就好像是一名学生一样。

这位先生笑了笑：“如果答案是可以，那么，就应该想一切办法去解决这些问题。因为当你解决这些问题的时候，的抑郁就会消失。”

这是相当明显的，我在想，我不知道自己在这种东西方的交流中错过了什么东西没有。在美国，我们称此为问题解决疗法，而且为此索要很高的费用。“第二个问题是什么？”我问。

“第二个问题，”这位教师说，“‘这个问题能够解决吗？’”

“我觉得这是第一个问题。”我说。

“第一个和第二个问题都是同样一个问题，”这位老师说，“如果第二个问题的答案是不可以，那么，这个问题就不能够解决，你也没有什么好担心的了。如果你无法解决一个问题，那你就没有问题。”

我等着我的老师继续说下去，但他不再说话了。我想我应

是“明白了”。

因为我没有反应，他就继续说：“你看，如果你不能够解决一个引起你抑郁的问题，那么，它就不是一个问题；如果你的问题不再是一个问题，那也就没有必要为此而抑郁了。”

我看上去一定像一头被灯光笼罩的傻牛，因为我新找到的马来西亚朋友又说出了下面一些道歉的话：“禅宗是很深的哲学。”

我曾学习过一点儿禅的知识。作为20世纪60年代的孩子，你必须阅读很多论述禅宗的热门著作。我知道阿兰·瓦茨是谁。我在日本花了三年时间学习佛教艺术和文化以及禅宗箭术。在那三年的大部分时间里，我的柔道教练是位重一百磅、八十岁高龄的八段黑带，他有极强的平衡能力，他的精气可贯穿脚部，一直到地下，就跟古老的橡树根一样。除非他想让你移动他，否则你根本无法撼动他那一百磅的身体。他把身材魁梧的美国大兵拨得团团转，就跟玩布娃娃似的，他从来不说一句英语。据我观察的仔细程度来看，我的师傅是一名杰出武士。显然，我应该苦苦思索禅宗对于抑郁的疗方。

“请再说说那位牧师是怎么说的。”我问他，一边在心里记下他的话。

我的这位同伴极耐心地再次解释为什么抑郁是不必要的。

当我的新朋友要坐的飞机报出来以后，他跟我说再见，并祝我旅途愉快。我也一样。跟生活当中的很多相遇一样，这次

相遇也永远只会是一次。

他走了以后，我就开始思考我这次出门钓鱼之前见到的最后一位病人。他是一位钓鱼的人，但已经多年没有钓鱼了，他是一家银行的副总裁，他被迫辞职，否则就会被炒掉。他有一个自己无法解决的问题，因为这个问题而抑郁，因此还在考虑自杀的问题。他向我保证说，在我钓到一条北梭鱼回来之前绝不会自杀，至少还同意我的意见，说自杀对于解决他的问题来说是太猛的一剂药。

吃日本面条的时候，我往自己的小录音机里说了一段话："禅师对于抑郁的办法是——两个问题，两个同样的问题。"我想到了我的病人，并想试试这个新方子，看看合不合适。如果我的病人能够保住他的工作，那么，他就能够解决自己的问题，而且治好自己的抑郁症。但是，如果他被炒掉，那他一点儿办法也没有，而这种可能性会更大些，然后，他就没有"问题"了。如果他没有问题，那他就自由了，如果他自由了，那他就能够做任何令他高兴的事情了，而且应该感觉更好些。

突然间，我感受到了作为一个年轻的柔道学生感受到的生命之轻，当时，当一个敌手采取进攻动作时，我会屈就其能量，使其发生稍稍的偏转，然后使他的攻击掉转方向，这样，我的敌手就会背部倒地，而不是落在他的脚上。在柔道中，人们不是正面针对敌方的，人们会接受问题固有的解决方案。

十天之后，我又回到家里了，并且回到了办公室。我的第二位病人就是那位抑郁想自杀的银行副总裁。我慢慢谈到了他不能够解决的问题。

“我并非不做任何努力任其发展，”他开始说，“他们对我不公。我不想——”

“这个问题能够解决吗？”我打断他。

“什么问题？”

“总裁要你辞职，这样他就不必炒掉你了。”

那人想了一会儿。“也许不能够。比尔是个相当严厉的人。一旦他做出了决定，你多半改变不了什么东西。”

“这么说，如果这个问题是你不能够解决的，那你真正有什么问题吗？”

那人瞪着我看了很长一段时间。“我有一个问题是因为我将没有一份工作了。谁还会聘用一位五十八岁的人呢？退休或者被炒掉，这都是同样的一件事。我不会找到工作了。”

“你能够解决没有工作的问题吗？”

“嗯，”那人很是困惑，“我太老了，无法从头再来。但是，是啊，我猜我能够解决。”他的眼睛亮起来：“啊，我能够要求得到很大一笔辞职费用，现在就退出来。他们应该付我那么多。我们来看看——到五十九岁再过半年，我就可以拿到个人退休账户的钱了，那只隔十八个月的时间。我还有不错的投资。我有一些双联式公寓，还有一些地产。我想……”

突然间，他的情绪高涨起来，这次会谈结束的时候，这位抑郁的银行副总裁和我想出了一个相当有潜力的提前退休计划。他在北加利福尼亚有一个老朋友，希望他去一起做点小生意。他没有任何牵挂，随时可以离开华盛顿州。我将他推荐给一位律师，是专门干这一行的。几个星期之内，他就跟雇主达成了交易，人人都很高兴。

一个案子结束之后我总是很高兴，尤其是因为我素未谋面的韩国禅师的预见性的建议。那位银行职员和我也许会得到同样的结论，但是，如果不是机场的候机室正巧在那个时候为我们打开，我们可能没有这么快就找到了这个办法，这么想想是很好玩的。而且再想想我的那位朋友竟然有胆子说我所从事的事情是“鬼头鬼脑”的。

一个月之后，我按常规给那位银行职员打电话，跟踪调查他的情况。“你说对了，”他说，“我从来都没有这么快活过。我的胸部感受到的闷疼没有了。现在到了外出钓鱼的时候了。你告诉我，”他补充说，“你打算什么时候出去？”

“我目前还没有发现一个自己不能解决的问题，”我也跟他开玩笑，“但我正在寻找这么一个问题。”

帕西的转变

有一天，我跟朋友帕西·道夫林一起在一条小渔船上钓鲈鱼，突然间，一阵狂风吹来，把我的鱼饵吹离了它的移动路线。当我感觉到它突然停下来的时候，我像任何一位正常的钓鱼人在感觉到诱饵动作不正常的时候所做的那样起了钩。结果，这完全是不必要的。鱼钩仅仅根据我的预感就又稳又准地穿透了帕西的耳朵。

帕西是何等彬彬有礼的人啊。他从自己的垂钓活动中抽出一些时间来让我看我的鱼饵落在他的哪一只耳朵上了。“倒钩进去没有？”他问。

“没有。”我说。

“那能否请您高抬贵手把鱼钩取下来？”他问。

“那是当然。”我说。

“不胜感激。”他说。

这也是我喜欢帕西的原因所在：他很镇定，很酷，极有修养，很有幽默感。我碰巧是很多轻微医疗急诊事故的肇事者，这一点也许值得检查，但是，我作为一个投竿者的不幸却不是那么重要。除了建议我必须发明保尔·昆内特氏投竿头盔以外，帕西所说的唯一的一句话是，总体来说：“钓鲈鱼的人必须准备好出现这样的事情。”这当然才是真正的谈话。

帕西以前可是一位钓鳟鱼的纯粹主义者，当初你要是认识他的话，可能会觉得他是这个星球上最后一个在钓鲈鱼的故事中结束的人。而且，当然，我肯定读者会明白，帕西·道夫林并不是我朋友的真名——他的真名是汉费雷·杜卡索尔，但我曾向“老汉普”保证过不会在印刷品中使用他的名字，如读者很快会知道的一样，老汉普是对事情合适与否很在意的一个人。

我们现在谈的是一位全职经济学教授。我们谈的是石楠烟斗、英式厚羊毛衫、巴布尔式夹克衫、爱尔兰羊毛帽、漂亮的涉水杖，还有所有那些绅士式的钓鱼人所具备的绅士模样。他讲课的时候也是这套装束。你应该看到他在溪边的样子。有人说美国是唯一一个从野蛮走向颓废而根本不挨文明教化边的国家，而帕西可能是这个国家唯一例外的一个人。

我可以用下述方式总结他对鲈鱼和鳟鱼垂钓者态度的预先转变。“我做了一个可怕的噩梦，”我们就钓鲈鱼的好处进行了一番争执之后的那一天他告诉我说，“醒来时我一身冷汗。我朝下看了看，让我惊骇万分的是，我发现自己穿着‘鲈鱼之吻’之类的T恤衫！”

“这有办法治。”我说。

“愿闻其详。”

“抽时间跟我出去一趟。真正的鲈鱼会改变你的全部生活。”

“鲈鱼是一种粗俗的鱼，就跟钓这种鱼的人一样。”

帕西的态度发生改变的那一天，我们一起在湖上钓棕鳟和虹鳟鱼。虽然帕西并不太在意去湖上钓鱼，但是，一年的这个时候去黄石和金三角钓鱼的确又太早了点。“我猜这比为论文打分稍强一些吧。”我邀他去钓鱼的时候他说。

约在上午十一点的时候，飞蝼蛄孵化的活动渐渐结束了。我看到附近极有可能出现一些大嘴鲈鱼，因此又准备了第二条渔竿，并从我的背心里摸出了鱼饵盒。

“我的天，”帕西说，“那是什么？”

“鲈鱼虫。”

“什么虫？”

“鲈鱼虫。”

“啊啊。”

帕西做了一个鬼脸，是少壮教授们希望当众羞辱一个做了孤陋寡闻的观察的大学生的时候常常做的鄙视的脸色。（当然，帕西的许多面部表情当中，在他失去重心而一头扎进麦迪逊河的时候最常见的也是这种表情。）

我换上了鲈鱼虫饵，试了试一个六磅重的饰物。

“你不钓鳟鱼了？”

“是的。”我说。

“啊，”帕西说，他的声音传达出一股鄙视的味道，“本人原以为你是从一块精细的布料上剪下来的呢。如果你喜欢，为什么不去钓鲤鱼呢？我还有些三明治剩在那里，你可以用它做些面团。”

我一直在心里抵抗着在他的英式鱼饵盒里塞进一些夜间爬虫类的想法，因此我绑上了色彩明亮的巴尔沙木料做的鲈鱼虫，看上去就跟马迪格拉斯帽一样，然后吊在帕西的鼻子跟前供他检查之用。然后我将它扔到湖里露出来的一段木头的边上。不久之后，很快就传来极快的叽叽喳喳的咬饵声。

就西北边的鲈鱼来说，它们本是极好的一种鱼。渔线这么切入水中，不一会儿就有“老姑娘”上来拖动船头，使船掉转十五度的角度。它会两次跳出水面来。再过一会儿，“老母鸡”也会出来，嘴张得大大的，肚子里还有很多鱼卵，沉甸甸的。我将它拖上岸来，摘掉鱼钩，然后将它扔回深水里。

“重约两磅。”我并非太得意地说。

“嗯。”帕西说，一边点着了自己的烟斗。

我说话算数，紧盯着海滨线，紧盯着竖直的浮标，紧盯着有阴影的地方以及直线下降的地方，还有向后计算的地方，钓鲈鱼的时候尽量不向后看，几乎是一笑不笑。同时，鳟鱼却冷眼旁观。帕西大抽了一口烟斗，以有时看不列坦奈斯斑尼犬的表现一样看着我——就是把头高高扬起，一脸不屑，透露出一种“那又怎么样，查理”的眼神。

现在，我已经不是那种喜欢到处吹牛的鲈鱼垂钓者了，而在接下来的一个小时左右，一切会聚集到一起，如此美妙，以至于我的钓鱼帽越来越紧了。最后，我坐下来说：“让我歇歇手腕。”

经过相当长时间的一段沉默之后，帕西说：“都是些不错的战斗者。我的意思是说对于不钓大马哈鱼的人而言。”

“我猜他们不知道那都是些鳟鱼。”我说。

“是啊。我假定他们的确不知道。”

我可以看出，帕西出问题了：他曾看了水，然后又看了臭虫，最后又看了水，再后又看了臭虫。他在认真吸烟斗，因为已经有二十多分钟没有吸了。最后，他大叫：“我的神啊，能不能把你们脸上的贼笑收敛一下？”

“请相信我，”我说，“我谁都不告诉。”

“我假定，只试一次可能伤害不到任何人，”说着抬起他的渔竿来，并伸手到我的鱼饵盒里。帕西扫视一下湖面，就好像他准备让轮毂盖转动起来一样，“你们自己绑这些东西是用于夸耀吗？”

“不，”我说，“我全买了。”

“真有你的，”他说，“这些东西花了多少钱？”

“在白象体育用品店，大约要花一美元。但在其他一些地方，有可能要花到三美元。在湖上，它们大约也就值二十九美元九十五美分。”

“哈！”帕西说，指着浮子，“你的意见呢？”

“啊，”我说，“鲈鱼并不太关心。在橡胶腿那一边用白色的那一个。把你的饰物缩减到六磅，或者也可以从我这里借一个。”

“橡胶腿？六磅测试线？我的老天……”帕西说，他从鼻子里喷出一股气来，“你们钓鲈鱼的人接下来在想什么？”

帕西剪断了蝼蛄线，并把臭虫绑到导线上，同时我也把船移到位，正好在远离圆木那一头。他稍稍有些夸张，然后朝圆木投了一竿。

然后事情就发生了——帕西·道夫林找到了宗教。

这个四磅重的东西完全颠覆了帕西的人生观，它在浅滩上冲来撞去，就如同一只大白鲨直直地扑到你面前，百分百吓傻。只需要不到一秒的时间，那条鲈鱼就咬了帕西的鱼栓，但明显那是足够长的一段时间，让他全部的钓鱼生涯全部展现在他眼前……我看到的大概就是这么一个情形，可突然间，那条鱼画了一个巨大的圆圈，然后让浮子脱离了他的导线，这时候，帕西就开始唱颂了：“朱达斯牧师！朱达斯牧师！朱达斯牧师！”——这一点，就我所知道的，对一位经济学教授来说跟赌咒发誓也差不多了。

在很长一段时间里，帕西只是站在那里，他的假饵渔竿在手中转来转去。然后，他的烟斗从嘴唇上掉下来了。他的眼睛发出暗淡的光辉，盯住那条鲈鱼跑掉的地方，他的嘴大大地张着，现出那种愚蠢的笑，就是那种青蛙被剥了皮的时候现出的那种傻笑。

然后，帕西一言不发，他开始用两只手不停地拨弄钓鱼背心——我假定他是在寻找他的银瓶。

“你没事吧，教授？需要喝一口吗？”

“不，”他咕噜着说，“一个十磅的饰物！请让我再试试有橡胶腿的这种东西！”

临场发挥

我很是怀念当日认识的那些人。下一班去大马哈鱼垂钓地的丛林飞机直到第二天早晨才到来，因此让我在阿拉斯加州柯道瓦的整个下午和晚上无事可做。我问航空公司柜台小姐，看看当地有什么值得一住的旅馆，然后就叫了一辆计程车。

“去哪里？”出租车司机说，一边将我的行李放到后车厢。

我把旅馆的名字报给他，然后就溜到他旁边坐好。大多数出租车司机都知道当地有什么特色，而其中的大部分人都可以提供一些钓鱼场所的信息。

我们互相交换了名字，很快就熟了。跟大多数阿拉斯加人一样，林诺也是从别处来的，而且干过很多别的行当，商业钓鱼、罐头厂的工作、教育孩子，甚至还教过武术。

“当过钓鱼向导没有？”我问。

“当过，但不是为了工资而去的。”

“不为工资而去当向导没有什么关系，”我说，“这附近有哪些地方是你可以去钓鱼的？”

“那是当然，就在那边。”林诺从窗外指着一条河谷，就在青绿色的云杉覆盖的山峰之间，“银色的水流长流不断。”

“我知道，”我说。“这也是我到这里来的原因。我早晨要去参加基拉克钓鱼营。”

“钓鱼比看电视好玩多了，”林诺说，“你知道我们在世界上看电视的时间太长了。太多的暴力，太多的仇恨，太多肮脏的事情，但好事不多。我不知道，真的，这世界在我看来正在往厕所跑。”

“在柯道瓦呢？”

“这里稍微好一点儿。这也是我生活在这里的原因之一。但别的所有地方都不行。”

我们开始谈起世界上的罪恶，完全进入了一场哲学探讨，我们有一些个人的共同感受，但发现我们彼此比较亲近。快到城里的时候，我们通过了一座分跨在一条河上的大桥，在那里，就跟命定的一样，我看到用假饵钓鱼的人在那边的河面上忙碌着。

“商业钓鱼的人在罢工，”林诺说，车速也慢了下来，“因此那些小伙子们也许钓得不错。他们正在钓鱼的那片水域只能够进行假饵钓鱼。您是用假饵钓鱼的吗？”

我看见一位钓鱼人的渔竿被一条大鱼拉弯了，我的血压在上升，就跟看到一个漂亮的女人以为没有被人看见而在大腿上摆弄长筒袜的时候一样。一个计划在我心头形成。

“我在想，”我说，“你能否把我放到旅馆里，在我登记后，然后穿上橡胶皮衣，再把我拉到这里来行不行？”

“那当然好，”林诺说，“我几个小时内就要下班了。我吃完晚饭后可以带我女儿一起来，比如在太阳落山的时候。我会开自己的车来，这样的话，我就没有必要再向你要钱了。然后，我还可以带你看看柯道瓦。”

我自己在琢磨，是我遇到这个人特别好呢，还是阿拉斯加这里民风如此，还是说两点都有？

半个小时后，林诺将我放到河边，转了一个U形弯，然后消失在通往城里的车流当中。

我把渔竿组装起来，直奔一座大湖的出水口底下的一个大池塘附近，在那里，另外的一些人正在对着长长的黑子弹鱼抛竿，它们正在绿水之上游动着。投竿一个小时后，我一条鱼也没有钓着。

“试试这个。”一个年轻人说，他涉水过来帮助我，而且还递给我一个很大的紫红色飞蝼假饵。“它们很喜欢这些东西，”他笑着说，“如果这一只丢了，请让我知道。”我们谈了几分钟，然后他又到我下游去钓鱼了。

爱用假饵钓鱼的人依靠陌生人的善心，这个来自中西部的小孩子符合美国的仁慈模式，他主动帮助一个完全凭运气的钓鱼人。他的名字叫杰克，跟他的父亲一起钓鱼长大，如果换了海明威，可能会写成“在密歇根北部”长大。他一直快快乐乐地在阿拉斯加钓鱼，也很高兴我接受了他亲手绑的假饵，能够作为美国海岸巡逻队队员为他的祖国服务更是令他自豪的事情。

林诺在日落的时候来找我，正如他所许诺的一样。我已经钓到但跑掉了一条大鱼，所以告诉他说有个密歇根来的小伙子救了我。我脱下涉水皮靴并收好渔竿后，林诺带我去城里逛逛，讲了很多有关他生活和他的孩子的事情，还有他对阿拉斯加的热爱。我们交换了对于今日世界世风日下的关心，觉得人们再没有以前那么慷慨了。我们都认为没有必要隐藏不利的消息，相对来说，现在的暴力太多，仇恨太多，种族歧视太严重，而爱却太少，善心太少，相互之间的理解太少。

回到旅馆以后，我们握了手，热情地微笑，然后互道再见，就好像我们对世界现行的种种品行不端而刚刚达成的一致意见，可以因为像我们这样的两个陌生人，像来自密歇根的那个年轻人一样予以校正。

给苏格拉底一根渔竿，给我自己十根

我在某个地方看到一篇文章说，美国有经验的钓鱼迷平均拥有十根渔竿。作为普通的钓鱼爱好者，我符合这个标准，还符合其他的一些要求。我不能够肯定这是好事还是坏事，或者是自己应该担心的一件事。我的确知道的事情是，物质主义跟一条内裤一样慢慢会对人产生影响。

在古代雅典的街道上观察各色各样的销售品时，苏格拉底惊呼：“有这么多我可以完全不要的东西！”

苏格拉底是个男人，我也是的，但我不是苏格拉底。

多少年以来，每年春天我在钓鱼册子上寻找新产品的时候，都不曾发出过“有这么多东西我可以完全不要！”的感叹，我发出的感叹是“有这么多我非要不可的东西！”由于多少年来一直都在购买一些小东西，我现在的状况好多了，但并没有从根本上改变这个毛病。

我随时乐意承认自己的物质主义倾向，而且毫不犹豫地承认这样的事实：世上万物，没有什么比一根真正优良的渔竿更令我心生欢喜的。

或者一把有精确刻度的卷线轴。

或者一条钓鱼船，它的龙骨能够挺过最狂暴的风雨。

或者一件戈尔特斯夹克，它能让我躲避风雨和冰雪。

或者一副偏光太阳镜，让我拥有一双苍鹰一样的眼睛。

或者……

如果对于每一个销售人员来说都有一个标志的话，那么，对于奥维斯公司来说，我就是这样一个销售人员。哲学家威廉·詹姆斯曾说过：“一个人与他拥有的物品之间只有很细的一条线。”我本人就是他的这一观察的活的物证。也可以说我就是喜欢好东西的一个普通钓鱼者。

在现代社会，越来越难以区分我本人与我所购买的东西，因此使我成为自己希望成为的一个人。人不可貌相，但是，要区分一个人与他的装束也是越来越困难的一件事。这得交给做营销的人来决断，他们销售给我们的一些东西是我们从来都没有想到过自己会需要的，除非他们告诉我们。

我喜欢觉得自己是这样一种不太需要什么东西，能够吃糙米，不需要昂贵的玩具也过得去的人。可是，当我看到一件极漂亮的可折叠涉水用具，不觉就自言自语起来，然后伸手就去摸钱夹子。多年以来我慢慢容忍了自己这点小小的性格缺陷，如果这是个缺陷，那也是在美国出现的一个缺陷，而美国是因为商业、贸易和个人金卡而强大起来的。

苏格拉底远避物质的东西而过着有思想的生活。我不远避物质的东西，但只是在尝试着过有思想的生活，有些日子里，我一次在那里花上多达二十分钟的时间思考问题。

为了替我的物质主义倾向辩护，我读了一些讲苏格拉底和古希腊的文章。我相信自己找到了至少一个理由可以说明这位哲学家为什么能够看到琳琅满目的物品而发出“有这么多东西我可以完全不要！”感叹的。除了几只火泥罐、一串珠饰、一些东方丝绸、少量银器、进口葡萄酒、一头肥猪和也许一两把短刀以外，古希腊根本谈不上是什么购物中心。比较起吉鲁米渔竿、迪伯卷线轴、一只浮管和浮飘来，那些东西算得上什么？也许苏格拉底能够过着有思想的生活，根本是因为当时并没有别的什么生活可以过吧。

我最近担心，这个世界产生了更多的消费者而不是哲学家，其中一个原因就是人们几乎无法再去过有思想的生活了。我们的脑海里塞满了玩具、工具和非看不可的电视节目，致使我们的大脑不再有时间去产生思想了。毕竟，思想是一种脆弱、复杂得难以让人接受、经过了自然选择的短促之物，它太纤细，是大脑产生的一种神经生理附带现象，它不仅使我们存活下来，而且还带着一些兴趣来过生活。虽然我喜欢比尔·盖茨，但我相信人类的大脑应该有志于成为更高级一些的东西，而不仅仅是网络的一个接收地址。

我们的感官里塞满了如此之多的无用之物，我们的大脑没有足够多的能量剩下来为思想提供动力。世界各地的人们看来都没有意识到自己竟然还有一个思维存在，如果在街上偶尔碰到，有些人甚至都不能够认出自己的思想来。不久以前，我的一位病人说："我一定是没有思想了，也就是说，假如我曾有过一个的话。"

不管你所喜欢的是什么东西，你只能够在这个钟爱之物里度过的安谧时光里找到自己的思想。对我来说，这样的安谧时光就是钓鱼。

钓鱼是我再次熟悉自己思想的途径。经过几小时默不出声的抛线，然后准备好收起渔线回家，此时，我的思想总会说："所以说，不能够做陌生人！"

有时候，在你钓鱼的时候，思想会悄悄溜走，跑到了不知什么地方，费尽力气之后带回来一些东西。是对一些问题的答案，是对人的精辟看法，是非常新鲜的一些主意，值得立刻写下来。

听起来似乎很容易，但是，不专注于某种特别的事情而仅仅是存在着，确实是不易之事。在这样一种没有焦点的专注当中，你不会通过念经驱逐自己的思想。人们不会用豪饮或吸毒来麻木这样的思想。你不会递给大脑一把铲子和铁锹然后说：“就在这里挖！找到我的思想！”

反过来，你只是钓鱼，并且生活着；生活着，然后钓鱼。如果走运，你的思想还会从太紧的鞋子里脱出来，扭动它的脚趾，然后找到你。

当你安静的时候，在你专心从事某种不太用心的事情时，深藏于无意识中的事物会解脱自己的镣铐，并开始四处游动，就像风动的日子有白絮从三角叶杨上纷纷飘落一样。不知怎么的，这些松动的种子在你的脑海里浮动，彼此发现。在它们觉得相互投合的时候，它们会融合在一起，一个新思想就形成了。

世界上本无什么新的原创思想，世上只有旧思想和新思想的并存，并由过往的无数代人传承下来。如果除此之外没有其他的理由可以借用，那我们应该赞美自己的祖辈。

如果苏格拉底今天仍然在世，而且过着他有思想的生活，他有可能是一个钓鱼者。他甚至有可能是一个喜欢用干蝇钓鱼的人。不管他喜欢哪一种钓鱼方式，都有某种东西对我说，他会使自己的钓鱼生活保持简单，会让他的生活整整齐齐，有条不紊。他不会花很多时间去看电视，他不会去商场逛来逛去。反过来，你会发现他远在某条溪边，或者坐在星空下的营火旁思考问题。他会是一个有趣得无法想象的人，可以与之谈话，而且他只会用一根渔竿。

一次治疗

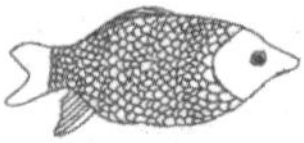

我有个儿子，名叫布莱恩，高六英尺八英寸，为纽约尼克斯队打了三年的NBA（美国职业篮球联赛）比赛。他的手指长得像猩猩，但能够结出你见过的最精细、最讲究和最完美的18号伞形亚当式鳟鱼假饵。

这是不妥的。

结精细的鳟鱼假饵的工作应该留给手指敏捷的人来做，比如一些牙科医生，安排体育比赛的人，还有退了休的脑外科医生，而不是NBA的前锋。我总是充满惊异地看到这样一个双手掌心可以各抓一个篮球的人弯腰在小夹具面前结出精良的假饵。跟罗西·格里阿的针尖一样，这是极不自然的。

作为他的生父，而且代表他一半的基因构成，我至少应该具备一半的技能。

但我不具备。事实上，我轻松地结成的唯一的一只鳟鱼假饵是一只伍利巴格斯结，结果发现，连猩猩也会做这样的假饵。

虽然我不太会绑小假饵，但是，我仍然结一些假饵来钓鱼。我有自己的理由。其中一个理由是，我通过打假鱼饵结来进行个人治疗。

跟其他用假饵钓鱼的人一样，我随时能够承认自己是一个懒汉，一个粗人，一个屠夫。即使我长了四个大拇指六根手指头，那又怎样，没关系。

如果我来给“笨重”这个词一个新的含义，至少我不会说出条理来。我的结饵工作台看上去如同经过了养鸡场的一台捻线机，然后将剩余物扔在了一颗圣诞树上一样。因为这样一些乱七八糟的东西，也由于我很少找到自己正好因为某个花式所需要的东西，因此我发明了很多假饵。其中一些甚至还钓到过鱼。我把自己的新鳟鱼饵花拿给我最讲究的一位朋友看，他狠狠拍了我一掌。

不瞒各位说，我从小就开始钓鱼了，有一阵子，还是一个少年的时候，我还因为给当地的一家体育用品店绑鲶鱼饵而挣到一些钱。我父亲称结假饵赚钱是诚实的活计，但我觉得那是很烦人的工作。

有一天，我结完了第一万只假饵，都是一模一样的红白相间的鲶鱼饵，此时突然有了一个了不起的想法：用绑鲶鱼结的时间交换学习的时间，去上大学，去挣大钱，我可以从高中辍学生那里购买假饵。我后来就是按照这个想法生活的，中间只走了很少几段弯路。

我现在只为三个理由结假饵：在假饵店里找不到自己想要的干饵；有时候我会倒退成为世界上最卑微的人；还有就是，我知道自己需要治疗。

第三个理由是最重要的。结假饵的时候，我至少会得到短暂的一种感觉，那是对自己生活最完美的控制。我在结饵台上工作的时候，就成为自己的主人，成为已知宇宙的统治者，成为主宰事物的人，成为……大家可以想见其他的。

结假饵会使你从谋生的所有活动中超脱出来，使你再次坐上驾驶座椅，会使你觉得较少的压抑。紧张是由太高的要求、太低控制的环境当中产生的。传统的高要求和低控制的工作环境就是《我爱露茜》当中包糖果的工作，就是露茜和爱塞尔以为是世界上最好的工作的那份活路。

这似乎是极好的一份工作：周围的人好，工作也很轻松，可以免费吃糖果。

后来，传送带加速了。

又加速了。

再加速。

大家还记得那个场景。她们尽量快地包，但还是跟不上。她们把自己的口袋都装满了，她们的嘴里都装满了，但糖果还是源源不断地流过来，她们完全跟不上。一团混乱。从天堂到地狱之间只有几幅镜头的距离。

很多美国人都陷在自己的巧克力厂里。邮件分拣员、杂货店清理员、空中交通控制者、警官司、911接线生，有时候，巧克力厂是我们自己的所好，有时候却不是。有时候我们甚至都不知道自己是在巧克力厂工作，直到我们的血压冲上了屋顶，然后倒地而亡。

结假饵可以带你走出巧克力厂。

结假饵无须任何要求。

结假饵给你完全的控制感。

如果有完全的控制感而没有工作要求，没有反应要求，没有符合标准的要求，没有回电话的要求，没有达到目标的要求，没有在最后期限之前完成任务的要求，没有避重就轻的要求，没有拼死拼活争当第一的要求，你就会找到安宁。

还有满足感。

还有满意。

还有较低的血压。

结假饵是一个低要求和高控制的环境。根据最新的健康研究成果，低要求和高控制的环境导致更好的健康状况和更长的寿命。

更长的寿命意味着更多的钓鱼时间。

三百年前，钓鱼者的先祖伊萨克·沃尔顿活了九十岁，而当时大多数人平均只能够活到五十岁。为了实现那个目标，他结了很多假饵。

日记一则：午后之死

你在生活当中不一定能够遇见很多这样的事情，因此，等这些事情来到你身边的时候，一定要予以珍惜。我在这里谈到的是完美、热情、有蓝色天空和无风的钓鱼日子，运气与鱼同时来到身边，而你正好就是目击这一切的证人。在这样的一些日子里，心存感念是好的，心怀诚敬是好的，心境高远也是好的。

今天就是这样的一个日子。在这里，在阿拉斯加的柯道瓦和雅库塔特之间的海湾沿岸，也就是所谓的迷失岸上，由于这位极善在丛林开飞机的人，我今天并没有失踪，而且正好来到了一个小马哈鱼河的河口上，也就是这条河汇入太平洋的地方。我准备在河上钓一天鱼，为了过好这一天，我手拿渔竿，从大清早一直钓到天黑，主要是想钓到银色的大马哈鱼。

这是极完美的一天：明亮的太阳，无雨，无风，空气里弥漫着希望，阵阵微风吹来，夹有遥远的狼嚎声。也许，除了午后之死，这是真正完美的一天。

在这样一个完美的午后死去的是一条银大马哈鱼，很大——印第安人称其为柯哈鱼。它正好在十二点钟的时候随着一阵大浪涌来，时间是1996年8月的一天。它急速冲进其诞生的水域，结果错过了河水，一下子搁浅了。

约在一百英尺之外，它的兄弟姐妹和表亲以及共同培育鱼苗的情侣骑着同一片大浪冲向同一片浅浅的河口，它们寻找刚刚能够用尾巴扇动自己朝水流前进的水体，因此而借着后退的浪潮在沙滩上苦苦挣扎，最后找到了退路，回到了水流深处的安全港湾——这个安全的港湾蜿蜒而下，从绿色的山冈直入蓝色的海洋。

但这个大家伙却不走运。

跟其他的银大马哈鱼一样，它的目标也是冷冷的水流和一个产卵场所，通过这样的地方，它有可能再造自己的心脏、明亮的银色鱼肚和黑黑的眼睛。他只有一次机会能够成功，结果却错过了。

它现在侧卧在地上挣扎扑腾。一点儿办法也没有。就是人们所说的，跟一条出了水的鱼一样。

我停止投竿看着它，不知道是否会有一阵大浪冲到岸上来拯救它，将它扫回大海，带进深水，让它稍事休息，然后再一次得到永生。

我在等着。那条银大马哈鱼在挣扎。大浪扑来，但没有足够大的力量将它从自己的困境中带出来。

我坐在沙上，让自己钓鱼的胳膊休息一下，慢慢研究这个大家伙的困境。这是一条可以拿走的银大马哈鱼，我可以走过去，捡一块浮木照着它的脑袋来一下，像牧师一样很快结束他的不幸，使它不再受苦。

或者，我也可以进行更为人道和神圣的干预，帮助它回到海里。在它的不归河里再努力一次后，它就有可能找到自己的出路。它甚至有可能给我一次尝试的机会。我在想，它会不会理解我的善心，心存感激地咬住我提供给它的诱饵？它会与我进行一番挣扎吗？

那条鱼一动不动地躺着，它的鳃板在扇动，希望触及携带有氧气的液体，我抬头四顾，发现阿拉斯加的几乎所有动物都吃银大马哈鱼。远在巨浪之外，我可以看见一只海狮在远方的波涛里上蹿下跳。在更近的地方，一对海豹也在河口上巡视着。大过手掌的棕熊爪印在水流边和我脚下的海滩上排成一条线；狼迹斑斑，伸向各个方向。

对于“束手无策的阿拉斯加银大马哈鱼特别节目”，没有“家庭请退后”，只有“先来先服务”。

不久之后，一群海鸥飞来了，落在那条鱼的附近采集这份礼物。当天下午在场而且可以指靠的钓鱼人，在伸手搭救与尊重自然之道的愿望之间左右为难的也就只有我一个人，也只有我一个人在思考这奇怪的危境。

动手还是不动手？

助自然一臂之力，还是不要触动自然？

这是一个问题。

在过去的几天里，我一直在读理查德·道金斯写的《伊甸园之河》。道金斯是著名的达尔文主义生物学家。他所写的那条河是生命的巨大的数字式基因库，所有生物都出自这个基因库，包括你我，而我右手中的那块浮木也可成为宣布死亡的牧师。构成正在岸上死去的我们这条奇妙的银大马哈鱼的独特基因代码。如果没有我提供立即的帮助，将不再有复制自身的机会。没有帮助的话，这条银大马哈鱼会在交配之前死掉，它的基因将在从伊甸园流出的那条河里死掉。

永远。

除非我立即放下自己的渔竿去拯救它，将它重新投入大海。

除非我扮演上帝的角色。

我非常喜爱这么完美的一天，我爱这条银大马哈鱼，我爱生命和生命当中的某种绝妙的神秘性。

但是，在我看着那条银大马哈鱼再次跳动，然后又一动不动的时候，我自己竟然无法动弹了。我究竟站在何等高尚的道德立场来拯救这条鱼？如果救了鱼，我是否拉松了将宇宙缝制在一起的线索？

那条银大马哈鱼不久将成为食腐者的美餐，它当然不知道所有这些。

但我知道，而这种知情也是一个负担。虽不是很重的负担，但其重负足以使我坐在海滩上胸闷头昏。

虽然拯救这条银大马哈鱼的生命在这个小小星球庞大的生命方案中不值一提，对于今天即将死去的数千条银大马哈鱼，或者对于这个季度、今年或者十年以来的数以百万计的银大马哈鱼来说，拯救这一条银大马哈鱼不可能有太大意义，但是，对于一条银大马哈鱼来说是有意义的：那就是在我眼前垂死的这一条。

我到底该不该？

出自什么目的？

达到什么目标？

我今天到这条河边来钓鱼，然后会把钓到的所有鱼放掉。我不是来杀生的。杀死这条鱼不在我今天的计划之列，尽管这条大鱼放在桤木炭火上烧烤起来，抹上新鲜的奶酪和柠檬汁后吃起来极香。

我的思想在呼呼转动。

这条银大马哈鱼在死亡中。

海鸥成群靠近。

它的死亡本与我无关。我是无辜的。我的在场并没有影响这条鱼的命运。它因为自己的不慎而错过了河口。如果是它的定位系统当中的某个扭曲的染色体或者弯曲的基因导致它的个人灾难，也许这就是“创生大法”发挥作用的方式。也许这条银大马哈鱼应该在这个沙滩上死去，同时带走它出了差错的基因，牺牲了这一条银大马哈鱼以后，它的那个种族从此以后就避免了未来致命的导航错误。毕竟，银大马哈鱼本不该在岸上游玩的，不是吗？

时间在流逝。

为了目击第三次和最后一次动作，我站到了沙滩的更高处。那不是更高尚的道德立场，但视野会更好一些。

鱼的抖动停止了。

海鸥猛扑过来，它们在鸣叫，引起一阵骚动。共有六只海鸥。它们在啄食，在撕扯，彼此用血光闪闪的鸟喙攻击，争抢最好的份额。它们以如钩的鸟嘴啄开鱼的厚皮，然后撕碎鱼肉。那鱼还在无力地动弹，但它们根本不予理睬，在它死亡的过程当中吃掉它。它们深深地啄进鱼腹，尖喙在滴血。它们把这个过程当成了一场盛宴，翅膀高高地扇起，如同喧闹的庆典。

在午后目击一场死亡唤醒了我心中隐隐的一股恐怖感，也许我们在其中生活，彼此相爱，度过生命的这个宇宙的确不是一个聪明的设计方案，它没有目的，没有同情，而只有人类想象的一切。宇宙如何运转，我知道的东西我们能够发明，我们能够赋予其意义，而且可以召唤魂灵。也许因为另外的一种选择完全是令人不快的。这另外的一种选择可能会跟A.E.豪斯曼的诗句描述的一样引人不快：“因为残酷和愚蠢的大自然既不知道，也并不在意。”

因为我站在那里，熊和狼不敢前来，因此海鸥在那里疯狂啄食。不久，新鲜的死肉没有了，那条大鱼的骨架在沙滩上慢慢干枯。表演已经完毕。我站在那里，看着有十多条好鱼汇集其中的一个水坑，做好准备将我色彩明亮的银色大马哈鱼饵投下去。

那条大鱼没有了，它所有的未来随它一同消失，永久性地远离了伊甸园里流出的这条河流。都有谁还在里面游动呢?

在这里，为了这个完美的午后，六只海鸥和我在里面游动。

朋友的背叛

很久以前，我与一名钓鱼人交上了朋友。我们在一起钓了很多次鱼，钓鱼时也喜欢彼此为伴。他不知道我钓鱼的一些地方，因此总是主动要求开车，用他的船，还买午餐。他告诉我说，一旦他找到我尚且没有发现的钓鱼地，一定会带我去的。同时，我将带他到我所有的秘密鱼窝去——是我花费若干年才找到的一些垂钓之地。只是在我做完了所有这些事情之后他才背叛我——但是，这样的变节行为跟我自己也有很大关系，因为我总是让这样的事情发生。

我们的关系发展到第二年的时候，因为无法准确说出来的一些原因，我的这位朋友打电话要我去钓鱼的时候，我就开始感到有些不自在了。我总想说自己太忙。我发现自己越来越少给他打电话了，他也开始越来越少打电话来了。有一天，我凭着内心的感觉拿起了电话。

“我们星期六去咖啡罐湖钓鱼吧。”我这么开始，“但是，回家的时候一定要由我来开车，由我来买午餐。”

“想都别想，伙计！我欠你太多了！车我来开，就这么定了。”

我屈服了。

我内心里仍然有不快的感觉，不过，我们两人之间别的一切都还好。

接着，一个早春的星期六的早晨，我需要一个人出去钓鱼清醒一下自己的头脑，因此开车到六十英里外的一个很少有人钓过的偏僻的鳟鱼溪里钓鱼，去年秋天我带这位朋友去过。去这个地方的路不多，四周围着私人农场。车只能停在通往那个小溪附近的唯一的一条沙砾路上。

塞在靠近停车处的一棵小云杉树下的就是我那位朋友的车。我也停在它的后面，打开了我的望远镜，然后朝上游的方向侦察。就在那边，在我最喜欢的鱼窝里一竿一竿投着的是一位陌生人，在他旁边，也就是鱼窝的最上头处就是我的朋友。他们两个人都没有看到我，因此我很快开车走了。

教师被人背叛了，被向导的人如今当上了向导。如果用狂怒这个词来形容我发现这个秘密时的感情丝毫也不为过。

根本没有必要正面处理。我带那个人来钓鱼不是让他来干这样的事情的。不管我们之间过去都有些什么，现在都一笔勾销了，永久勾销了。我知道这有点狠心，但一旦有人跟我跨过了某条线，那他就再也无法跨回来了。哪怕他求我都不成。我甚至连那根线在什么地方都不是很清楚。直到有人跨过为止，那是当然的。然后我就知道了。

我并不是要为自己的这一性格缺陷感到自豪，但是，很久以前我就知道，永远不要跟毫无顾忌的人一起浪费极好的钓鱼时间。生命太短促了。

这事过去很多年之后，纽约一位出版商问我是否愿意写一本书，为门外汉讲讲有关原谅带来的心理益处。对此项目我思考了好几天，心里还记得以前那位朋友的背叛行为，检查了一下自己的情感体温（我仍然烫得像一把手枪），然后就给这位出版商打了电话。“写不了，”我说，“但谢谢你的好意。”

“为什么写不了？”那位出版商问，“可能会是极好的一本书。”

“对不起，”我说，“关于原谅，我自己都还没有想清楚。也许等我再老一点儿，再多一些智慧的时候吧。”说完我再次道谢，然后挂了电话。

小事情上我很快能原谅。原谅敌人也非常容易，因为敌人的动机跟他们的枪筒一样显而易见。原谅朋友、同事和我自己却难一些，难多了。没有诚心的原谅是一种傲慢，还有一些时候，因为对于信任的侵犯，我的愤怒和抱怨实在是太严重了，无法使自己的心肠软下来。过去许多年里，我炒掉了很多治疗师，而且有意毁掉了不止一个人的职业前途，因为这些人利用病人的弱点，侵犯病人对他的信任。之后我还睡得特别香。在一桩针对一名精神病医生与他的病人睡觉的严重的诉讼案中，我曾出庭作证。之后，一位伙伴曾对我说："你是个极好的朋友，但是一个可怕的敌人。"我认为那是一种赞扬。

我一直相信自己的钓友，直到他背叛我为止，但是，从某种程度上来说，我又背叛了自己。我觉得事情就是这样发生的。

我们可以认为每一种奉献、每一份礼物、每一个象征、每一点感激都有其价值和价码，不管是行为上的还是口头上的，可感触的还是不可感触的。不能够仅仅因为你看不到这个价格牌就意味着它不在那个地方。你忽视这个价格牌，就是使你自己处在危险之中。

我对于慈善也产生了些许疑虑，尤其是我自己的善心。当我"免费"给人东西时，我想要什么？我真正想要的到底是什么？有时候非常简单，不过是想感觉好一点儿，因为自己心里知道，毕竟，我是一个好人，也喜欢多奉献，少索取。另外一些时候，我的善行更多是为了达到自我的目的，甚至是值得人怀疑的。除非完全匿名，慈善会对别人造成责任感，不管希望得到的回报多么遥远，多么微妙。圣母特里莎会因为她的善行而成为圣人，但我猜上帝欠她许多。

欠债还钱很容易，而且清楚。任何时候你给我一个银行家，哪怕利息很差劲，至少我还是懂得自己的责任在哪里。但是，道德上的债务呢？道德上的债务是危险的。

道德上的债务没有可见的价格牌，没有固定的利息，甚至都没有附属细则来说明若干年后必须偿付的巨额款项。

对于金钱上的债务，我们有计算器，有银行账册，有支付传票，有公平的借贷法律使两者之间的关系清清楚楚。而对于道德上的债务，我们只有内心的感觉，直觉，还有我们头脑里的那个聪明的小会计，他在无意识的状态下记录我们欠谁的什么东西，谁欠我们什么东西。

这个小会计知道一切东西的真正价格。他戴着小鸭舌帽，弯着腰，握着笔记下在我们和与之交往的人之间慢慢积累起来的每一笔道德债务和借贷。

为了幸福的生活，千万不要忽视这个小小的会计。

当这位小会计说到了该支付一餐饭，一次钓鱼之旅，或者任何一次道德和社会的债务时，那就应该很快支付。不要等，否则利息会高得惊人。

让你与你关心的人之间的这些账册保持平衡，你会得到和谐和长久的关系。如果让这些账册失去平衡，你们会有不和谐和冲突发生。开始，我们的债务人会踩我们的脚趾头，到最后，他们会踩在我们的心上。

当我们还不起道德债务时，我们就只有三个选择了：回避债权人，让债务贬值或宣布其作废，或者诽谤放债人的动机。当因为太多的善行而对别人形成无法偿还的债务时，我们就迫使他们避开我们，使我们的给予贬值，或者诽谤我们的动机。这些事情没有一件是聪明或者高尚的。

如果我们不及时偿还道德债务，或者打消别人及时还债的念头，我们就冒犯了人性回报的法则。做人需知回报，知分享，知共享，这至少跟地心引力法则一样是有力的法则。共享意味着不仅仅要体面地给予，而且要体面地接受。我不知道我的那位伙伴本来就是打算愚弄我的，我只知道我太长时间忽视了自己内心不快的感觉，也没有做很多事情来校正我们之间的债务与责任。如果我更执着一些，从一开始就坚持分担一切，事情也可能会有不同的结果。

因为我无法原谅溪流之上的那位朋友，因此也就失去了那位朋友，事隔多年之后，我找到了自己一直在寻找的教训。是从莎士比亚的戏剧中找到的。这位诗人写道："善行太多，良心变石。"

有一个老公式说，钓鱼的人是被钓到的第一条鱼迷上的，但当钓鱼人却并非这么简单。在现实当中，这是一个

三部曲。首先，钓鱼人钓到一条小鱼；然后一条大鱼吃掉小鱼；再后更大的一条鱼吃下这个钓鱼人。如果这个钓鱼人的运气尚好，大鱼不会将他吐出来。

时时得敬仰鱼神

放弃用假饵钓一天的阿拉斯加银大马哈鱼可以进行一天的比目鱼海底垂钓，对此交换我并不热心。但是，我听说过很多故事，都讲这种大鱼口味极鲜，再说，我的天，什么事情总得要去试一回吧。因此，我们一行三人，我和马克以及里克订了一条走出雅库塔特的船，第二天一早就扬帆出海了。

船上还有另外四个人，都是中西部来的，比我们大几岁。他们都是高中时代的老朋友，一辈子都爱跟着钓鱼的人到处跑。他们看上去彼此很投缘，相处得不错，只是有一个瘦家伙孑然远坐，脸上挂着一副痛苦的表情。他靠在船杆上，鱼饵垂在船下，带着欲穷千里目的眼神看着大海。

我钓到了第一条比目鱼，结果发现重达九十八磅。我们这里谈的可不是什么惊人之举，在鱼极多的鱼窝，钓上这么一条鱼上来很像是用一台手摇绞车将一辆沉在水底的大众车捞上岸来，只是用了更大的背力和较少的绞盘。

向导并不希望在用鱼叉叉住这些大鱼以前让它们浮出水面，因为担心鱼会跑掉。一旦上岸，这些全由肌肉构成的大家伙基本上就难以控制了，哪怕用五十磅的钓索。任何超过一百磅重的比目鱼都是一名“射手”，也就是说向导会用点410口径的麻醉枪打它的头让它镇定下来，然后才拖上船。重达两三百磅重的野生比目鱼力气极大，它们储存已久，准备在甲板上好好发泄一番的活力可以咔嚓一声甩断钓鱼人的腿，跟折火柴棍似的。

不管怎么说，在这一天的大部分时间，我都保持着大鱼纪录，而且尽量利用这么一个纪录，使其发挥得淋漓尽致。因此我不时轻轻用肘子蹭一蹭旁边的人，哪怕钓比目鱼是一种相当不费脑筋的操作。

接着，那个面露苦相的瘦家伙钓到了一条大鱼，在大家的一阵欢呼声中，他慢慢地将那个庞然大物拖出了水面。有一阵子，一时还不知道谁将赢得胜利，但是，没有人走过去帮助他，而那条鱼最终来到麻醉枪的射程之内时，那家伙的胳膊狂抖起来。

向导靠在船舷上朝那条大鱼开了枪。那条鱼中弹后安静下来并且被拖上船，我们都祝贺那个家伙，并且与他握手。那是一双极其无力的手。他站在重达一百一十二磅的大鱼旁摄影留念，此时，这位带着欲穷千里目的眼神的家伙全天第一次展开了笑容，我觉得自己在他的黑眼睛里看到了几丝光芒。

其他人还在那边钓鱼。“哈尔钓到了这条鱼我真高兴。”他的朋友跟我坐在船舱里喝咖啡时对我说。

我点点头，虽然失去了领头者的位置，但心中并非那么不快。

“不，”他的朋友倾过身来认真地说，“我的意思是说，哈尔钓到了那条鱼我打心眼里感到高兴。我们明天就回家。老哈尔得了严重的癌症。这是他的最后一次钓鱼之旅。”

投下自己的一竿

在男孩子心中，父亲总是比真正的形象还要高大。事情本来也应该是这个样子的，否则，这个男孩子就不会盯着他父亲看，以便学习如何成为男人。但是，当这个孩子长大成人以后，他的父亲迟早都会变成仅仅一个男人而已。有一天，我意识到关于父亲的一个重要的真相，从此就意识到了这一点：他的渔竿抛不好。

跟其他的男孩子一样，我总吹嘘自己的父亲。现在还这样。而且不无理由。我父亲有三打以上的天赋：强壮，诚实，有思想，既是一个斗士也是一个朋友，弱者当中的强者，一个爱体育的人，钓鳟鱼的人，一个会绑假饵的人，一个会做渔竿的人。他教会了我很多事情。但是，如何抛竿却不是他的强项。

当然，我直到自己钓鱼过了头四十五年后才意识到这一点的。就我所理解的钓鱼，抛竿是渔线的投递方法，而鱼饵则自然而然地紧随其后。投竿是达到目的的方法。渔线跟渔竿合不合当然有讲究，而且，是啊，把接钩线的最前端做得细些当然是好，因为这有助于让鱼饵翻个儿，饰物做得薄一些才不会使鱼儿害怕。

为了让假饵到达鱼的旁边，你得前后来回用力抛竿，直到渔线抛到足够到达目标的长度。你还得前后来回用力抛竿才能够把太湿的渔线弄干。就是这样的。这就是我学到的抛假饵的技术。

我所学到的一切都是从父亲那里模仿来的。在20世纪50年代，一个小男孩还能够从其他的什么渠道学到假饵钓鱼知识呢？绝对不可能是从奥维斯录像带里掌握的。

我父亲在艾奥瓦州的一个农场长大，20世纪30年代才搬到加利福尼亚，而且在那里找到了金黄的鳟鱼。他是靠自己摸索出假饵钓鱼的，结果钓得也不是很好。我是长大以后，而且最终遇到一些真正明白如何抛渔线的一些老钓鱼人以后才意识到这一点的。比较他们抛出的渔线和距离，我发现自己投得很差。不，让我说得更坦白一些吧，我不仅抛得很差，我投得可谓一塌糊涂。

是的，我掌握了如何抛得极远的技术，但这是花了长长的渔线和数不尽的风结为代价的，我相信那是一些淘气的鱼仙在我背后结上的。

我不知道如何投蛇形竿和直线竿，也不知道如何单索拖拉。我第一次听说双索拖拉的时候，觉得那跟一天往外倒两次垃圾差不多。我根本不知道如何对付风力，从来也不看看身后有什么东西会勾住渔线，结果有一次投竿时把一根昂贵的石墨渔竿的顶端给弄断了。数以百万计的鳟鱼逃出了我的诱捕，它们只需要在自己的鱼窝与我之间保持无法涉水到达的一个距离就可以了，它们根本不理睬我抛在水中的臭虫，哪怕它们留下摩托艇一样的浪迹。

然后就出现了这么一个突然醒悟的时刻。有一天下午，我在蒙大拿州的一条鳟鱼溪边休息，一边看着父亲在一条很宽和平滑的水域里钓鱼，那里有很多游动着的鳟鱼。我必须承认，我在所有事物里面找到出类拔萃的范例的这个人根本投不好渔竿。渔线堆成一团，距离极短，抛出去的渔线粗短难看，这里根本谈不上什么值得赞扬的地方。因此，我在这里只把父亲当作一个普通的男人，然后开始我自己短促而不平凡的旅行，我要成为更优秀的投竿者。

我从书籍和杂志开始，然后看别人投竿。我在溪上练习，在湖上练习，有一两次还在自家后院里练习。从来没有人因为我学习很快而赞扬我，因此我花了十多年才学完了钓鱼课程，而且这还是自己给自己打分才毕业的。另外，这个计分方法并没有受到可靠的评判人员、极有帮助的辅导或任何接近客观标准的东西所阻碍，否则极有可能侵害我渴望投出来的紧绷绷和可爱的渔线以及银光闪闪的平滑的投竿。

接着，我在晚了不过四十五年之后才上了自己的头几次抛竿课。我本没有打算这么做的，但是，事情就是这么发生了。如果这样的课程不是免费开设的，我可能根本就不会去尝试，但是，迈克尔·马龙尼主动要求为我上课。上了两次。什么回报也没有。只有傻瓜才会拒绝免费的钓鱼课，而且课程还是由许多人都相信是世界上最伟大的抛竿教练的人来教的。

迈克尔在加州卡马里罗的家里看我抛竿，看了一阵子后，他最终说："你的反投令人嫉妒，前投却糟得不行。"然后他大笑，"谁告诉你说向前投的速度越快，距离就抛得越远？"

出于对当时已经去世的父亲的尊重，我撒了一个谎："我自己想的。"

迈克尔教我放慢前抛渔线的速度，因此而解决了"风结之谜"，他还教我在"方石"附近抛线时要在半空中调整渔线抛法。但是，关键在于，他让我看到了充满各种各样可能性的一个新世界。如这位大师所说的："知道投竿不错。投竿是有益和好玩的，但是，投得好才叫足够。"

后来，在我最喜欢的一条河上，我停止钓鱼，只在那里看着平滑的水流缓缓流过。水面平滑如镜，只有这里那里的几条小鳟鱼吮吸露珠而打破水面的平静。我对自己说："让钓鱼见鬼去吧，我们来练习抛竿。"

在接下来的那一个小时，我努力练习抛竿，就按马龙尼教我的办法抛。我学会了跟着鱼环跑，也喜欢闪闪发光的黄色渔线在暗黑色的河水上牵动的样子。夹在两者之间的鳟鱼虽然有些讨厌，但那是令人愉快的。我练习如何放松：放松外面的渔线速度，也放松内心的焦急。

然后，某种奇怪的事情发生了，某种令人内心升华的事情发生了。我感觉自己摆脱了投竿钓鱼的老奶奶结，迎来某种更丰富、更充实并且同样受益的状态。我发现自己绕过了父亲的固结，投下了自己的一竿。

一个自己没有准备足够多合适渔具的钓鱼人，他干别的事情也是不可靠的。

有些事情不用赶时间

急急匆匆的人总不太文明。

——威尔·杜兰特

根据史学家威尔·杜兰特的说法，我属于不可靠的教化良民之列。安很快同意我的说法。“应该放慢节奏。”她说，看着我又在打包准备出去钓鱼，“再怎么着，你也不差那一个小时。”

“这件事情是很慢，”我说，一边以看不清的速度搬动东西，并且努力不用自己的身体撞倒硬物，“另外，到了那边以后我会放松一些的。”

“那是当然。”她嘲笑说，她太了解我了。

跟在城市里当奴隶的很多僵硬的人一样，我一路风尘仆仆的，不管做什么事情，总是拿自己跟时间赛跑，跟竞争赛跑，就好像我在参加什么大不了的跑步比赛一样。事实是，如果我站到后面去研究一下这些事情，我们大部分的比赛都是不值得的，更不用说赛跑了。有些日子我担心自己有可能会继续提高速度，直到比如约五点钟，然后我会消失在稀薄的空气里。

我不知道别的钓鱼人是什么样的，但是，我在河上花了好几天时间才能够放慢节奏，安静下来，然后慢慢地钓，那种节奏不至于惊动死人。需要几天的时间才能够挣脱时间的人为节拍，而这种一秒一次的节拍却正是人们在城市里高高兴兴地度过的生活。

钓鱼的第一天，我发现自己总在看时间。我吃早餐的时候看时间，套渔竿的时候也看时间，早晨去浅滩上钓鱼的时候也看时间。看时间的动作会持续一天或者两天，然后才慢慢消失，就跟奴隶身上的脚镣一样。

到钓鱼的第三天，一种从严格的时间概念摆脱出来的情况会出现。到第四天的时候，准确的时间概念已经变成了“天黑之后再回去”“如果我跟你一起进午餐，好吧，但别等我”。时间每过一天，钓鱼的人就开始偏向更自然的时间，更像鱼一样的生活规律。大城市里的节拍器坏掉了。

过去的许多年里我拿到的唯一两张超速罚款单就是我去钓鱼的路上。我去一座鳟鱼湖的路上在一个小镇上超速行驶，另外一次，我是去钓鲈鱼。我回家的路上再也没有接到过超速罚款单了，上下班也没有超速的时候。

我称此为户外爱因斯坦效应。户外爱因斯坦效应是这么发挥作用的：你在空间里朝一个钓鱼窝越快速地移动，时间就越会慢下来。到达光速的时候，时间就停止了。如果你能够让钓鱼的工具以超过光速的速度移动，你会比你离开河边的时候更早地到达河边，这取决于路面情况。

不幸的是，我的钓鱼相对理论对交警不起作用，他们经过校正的计时器也不理睬这套理论。有一位警官说："这说法有点意义，"说着递给我一张罚款单，"我也想去钓鱼。这是您的传票。"

钓鱼的未来

许多年以前，我为自己的第一本讲钓鱼心理学的书《巴甫洛夫的鳟鱼》做巡回书展。那是一次便宜的书展，没有轿车，没有司机，没有花哨的旅馆，没有报纸上的头条新闻。没有不受限制的账户开支。由于我的出版人和我分摊巡回书展的费用，我只好吃很多奶酪和饼干，住在低廉的汽车旅馆里，然后努力说服自己，我要做一个严肃的文学青年，要努力上进。

我坐旅游舱去明尼阿波利斯，租了一辆廉价的汽车，开车到中西部度过两周时间，根据我们的研究报告，那个地方生活着美国百分之二十六的钓鱼人。我跟出版人克里斯·贝塞勒达成的交易是，所有费用五五分摊，包括机票、租车费、汽油费、汽车旅馆住宿费、食物——所有的东西。在我这方面，我要从一个城市开车到另外一个城市，从一个集镇开车到另外一个集镇，从一个书店开车到另外一个书店，为读者读几篇文章，向记者们讲几个故事，到钓鱼商店去闲逛，见一些人，销售自己的书。我们要使自己成为最佳销售人员（这样的事情当真在密歇根州进行了三个星期），所有的利润分账，然后发大财。然后，根据你对大财的定义，这就是到南方去的原因。

但是，这趟旅行要赚钱只是其中的一部分理由……至少对我是这样的。另外一部分是到心脏地带去钓鱼。我努力使其成为一个习惯，不要把工作跟钓鱼混在一起，而巡回书展也会成为钓鱼探险活动的很好的一个借口。另外，我在1987年的时候已经做过一次巡回书展了，当时是一本简装书，是纽约一位出版人出版的，讲自杀是何等愚蠢的一个主意。我到过七八个一流的城市，回答了无线电台和电视台的主持人提出的一些问题，他们都没有读过我那本书。还做了数次全国性的脱口秀，连四指深容量的苏格兰威士忌都没有喝上。

比较而言，这次搞巡回书展和钓鱼活动却更舒服一些。事实上，我过了很好的一段时间。我遇到了极好的一些人。我了解到了美国中部的钓鱼人。我在密歇根的一个小镇上的一条小湖边遇到一位妇女，她在教她的女儿钓太阳鱼——一瓶汽水和一包爆米花形成了节日气氛。在这个后女权主义世界里，我跟一位妇女一起吃了一顿饭，她住在另外一个小城镇里，她解释说，她刚刚想办法参加了一家只有男士参加的假饵钓鱼俱乐部，尽管少数大男子主义会员有一些反对意见，但是，她还是成功地加入了这家俱乐部。

然后，我想那是在韦比岗湖上，我把车开进紧邻一条流水平缓的河边肉饼店门前，这条小河小到了可以从河这边抛午餐到河对面的程度。河水清澈，鱼很多，正好从小城中央通过。河边上建了一座公园，河本身也有一条水泥铺的人行道。我在订午餐的时候看到一位年轻人在河下抛竿，是旋转渔竿，一下子抛到一个深潭的对面去了。

我吃完了肉饼，走过公路，坐在他旁边的草地上。

“运气如何？”我问。

“不好。”那个小伙子说。他看上去十三岁的样子。

“这里面都有些什么样的鱼？”

“什么鱼都有。”那小伙子笑着说，“我想钓梭子鱼。每年的这个时候，它们就朝河上游跑。如果不停投下去，不久你会钓到一条。想试试吗？”

“不，”我说，“我从城外来，没有执照。只是路过。但我极想看着你钓起一条来。”

“只要耐心一点儿就行了。”那个男孩子说，“耐心就是一切。”

我点头。

我们一起钓鱼，彼此不出声。男孩在那里抛竿收线，我在那里坐着看。过了一阵子，我回到车上去，拿出一本《巴甫洛夫的鳟鱼》。

“我想送你一本书。”我说，“你叫什么名字？”

“杰生。”

我在书上签名，“赠杰生”，然后递给他。

“谢谢。”他说。很是惊讶。他翻了翻书，说封面上的鳟鱼很漂亮，然后很快放下了书，回到钓鱼的事情上。

“你肯定不想试试吗？”他又问。

“不，”我说，“但很感谢你能够这么想。”

“没有什么比得上钓鱼的，”杰生说，“世界上没有什么比钓鱼更有意思的。”

“这我知道。”我说。

我在绿草地上躺下来，让温暖的阳光照在我的脸上。我听着杰生在那里抛竿钓鱼，听到他的钩环发出响声。那是一种美妙的声音，让人心情和缓，让人放松。我把帽子拉下来盖住自己的眼睛。

过了一会儿，我醒了过来。

“运气如何？”我又问。

“不行。但天还早着呢。”杰生说，“你肯定不想试几竿吗？”

我又一次道谢，解释说我必须上路了。我觉得钓鱼的未来已经交到可靠的人手上了。

我开车上大道的时候，杰生不再抛竿了，他转身笑笑，坐在他的轮椅里招手。

比较足球而言，钓鱼有助于磨炼人的性格；如果鱼跑了，你不能抱怨判罚不公。

通往悬崖湖的路

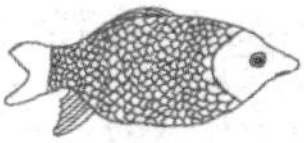

悬崖湖太远，下班之后开车去来不及。我自己从来没有去过那里，因此也说不准到底是多远。我甚至都不能够肯定自己一定能够到达那个地方。我知道的一切就是你通过了拉达场之后，乡间公路转弯但车不转弯，就这么一直朝前开。根据向我提供情报的人报告，“你会看到一道黄色的门，然后是像乡间土路的东西”。那座湖里应该有极大的鳟鱼。

“我的天。只要水是绿色的，它们什么东西都吃，但这个消息不要传得太远。那个湖并不大。”

我并没有请任何人跟我一起去。那太冒险了。不管怎么说都是太突然的一个决定。我会早点下班，好躲过下班的人潮，赶紧吃下一块三明治，将我那根有两马力的假饵渔竿扔进后车厢，然后就直接奔向南边。

刚刚过去的那个春季极干燥，我开着卡车在正变成绿色的麦田中间飞驰，沙砾路上尘土飞扬。我开得太快了。可是，我外出的时候一向都是开得很快的。漫长和荒凉的土路拉着我走到陌生的地方。跟生活赛跑？跟时间赛跑？跟死亡赛跑？钓鱼不一定值得人拿死亡去换……但小小的伤残呢？你打赌吧。

我将加速器放到最底下去了。为了欣赏那份速度感，我关掉了收音机，摇下了车窗玻璃。风在车里呼呼作响。我得以看到尘土在身后沸腾，直升水晶蓝的天空。一根渔竿的顶端总在车窗上擦动。我感觉着好像我又到了三十五岁，觉得自己更年轻了。

我现在是在飞行了，甚至是在时空中飞行。

我不知道自己最终多快到悬崖湖的，但是，我已经快到了看不清速度表的程度。有一阵子，看起来我不是在超过任何东西，而是觉得我已经停顿下来，一切都在通过我，都从我身边经过了。因为风在车窗玻璃上响动，感觉起来就好像我比时间还要快。

突然间，车内一点儿声音也没有了。我进入了太空，悬起来了，正在飘浮，正在思考。过往的思想和回忆以及景色都潮水般漫了过来，直到看起来生命并没有向前进，而是在转着圆圈。

然后我就看见了黄色的大门。我打开它，开进去，然后关上门。

悬崖湖不在钓鱼地图上。不是休闲地，没有人报告过。除了口耳相传以外，你永远都不知道它的存在。我如果有运气就会找到那座湖的。

公路上没有标志物，路跟碎块似的泥泞不平。熔岩从满是尘土的坑洼处冒出来，就跟龙的牙齿一样。我极有可能划破一只轮胎，但我现在只有二十五岁，也许更年轻，我并不在乎。

我发现这个湖在很长的一个弯曲的火山岩悬崖上，因此才取了这么一个名字。我很快穿上了胶靴，在很重的一块饰物上绑了一只用绿色的秃鹳毛做的水蛭，然后找到那个小小的湖岸开始在浅水边工作。我要抛竿的时候，突然注意到有个人在船上跟一条很大而有力的鱼搏斗。

他来自何方？我怎么没有看到他的卡车？

船上的那个人和我钓了一阵子的鱼，彼此没有对望，或者看起来是这样的。但是，他又钓起一条大鱼，因此我发现自己看着他，想问问他用的什么饵。但我没有问。他在小湖上慢慢划，在船的最那边一头慢慢地钓鱼，正好就让你看不到那个人的脸。在接下来的一个小时左右的时间里，我们保持着这个令人愉快的距离，这是钓鱼体育活动中的人给彼此的一个环境。我不知道他是谁，至少这方面我还是喜欢他的。

有条鱼升上了水面，但我的水蛭运气不好。我换上了浮线，试着用了表层浮子。结果钓到了一条七寸长的鳟鱼。我时不时看见船上的那个人站起来跟另外一条大鱼搏斗。他默不出声，并不声张，但鳟鱼在水面的挣扎声撞到湖四周的岩壁上反弹回来，就好像一场伟大的人鱼战争正在进行一样。奇怪的是我并没有嫉妒感，而是为他的成功感到高兴，心里有一种感同身受的愉悦感。

这样我可以看到全部的湖，我跟到了最高的崖壁上，船上的那个人从阴影里爬出来的那一刻，光会照在铝制的船头上，这样我就可以更清楚地看到他的脸。他比我最开始想象得年轻一些。不管他是谁，他都让我想起很久以前认识的一个人，但他的名字我想不起来了。阳光撒下来，蓝色的湖水变成了一种浅绿，我照了一张相，让那个年轻人处在相框的左角。安总抱怨我光照些风景，但这次我要证明我也可以把一个忙着的钓鱼人照下来，然后讲一个故事。

“你好！”我喊道，“钓得上手吗？”船上的那位年轻人并不回答，但他招了招手。也许他是不喜欢吵闹的那种钓鱼人之一，他希望自己一言不发而让大家都闭上嘴。我不知道，他离我太远，无法看清他的表情。然后，他划到了离我很近的地方，让我看出与其说他是什么年轻人，倒不是说他只是一个小男孩。

他是当地农场的某个高中生吗？或者是东边八十英里外的

一所大学里的学生？也许他只是城里来的一个少年，他出于同样的原因来到这个遥远的小湖。有趣，一个男孩子。一个人，跟我一样。

我们钓了一会儿，然后看到他上了岸，放掉了另外一些鳟鱼。他转身朝向我这边时，一条极大的鳟鱼就在他船后跳起来。他转身看着我，举起双手，分开，形成一个圈，就是那条大鱼有可能装进去的样子，但他离我仍然很远，无法看清他是否在笑。我猜他在笑。

我摇摇头，笑，挥手，然后又开始投竿。那个男孩划走了，在我的意识周围划动，跟费里尼电影中的一个人物一样。他钓到一条鱼的时候，我可以看到他并没有乱搞那条鱼，网也张得很好。他仍然是个小孩子，但他知道自己在干什么，我希望他把船划到我正在钓鱼的这一片来，然后跟我说一会儿话。但是，他慢慢地划，来来去去地划，最后到了湖的一个角上，直到消失在极远处的小湾里。最后他向我举起了大拇指，就好像在说："祝你好运。我希望你钓一条大鱼。"

天已经很晚了，到了回家的时候了。我又想留下来等那个小孩子从那个小湾划回来，这样我就可以跟他说说话，看看他为什么一个人在星期二的晚上来到这个偏僻的州里的偏僻的小湖里来钓鱼。

但我没有等。

在晚上的最后一丝光线里，一阵微风吹过来。鳟鱼不再浮上来了。周围很安静。除了一只白色的海鸥歇在崖壁上对照正在变暗的天空以外，我完全是一个人在那个地方。我稍稍有些累了，又一次感到岁月不饶人。我放下渔竿，坐了很长时间，倾听四周的安谧。就在此时我意识到，等回家把胶卷洗出来以后，我会再次看到里面是一座空无一人的湖。

作者小传

保尔·昆内特有两份职业，他既是自由撰稿人，也是临床心理学家。他是一位得过新闻大奖的记者，写过500多篇故事、散文和专栏文章，都发表在美国一流的户外运动杂志上。他还为国内外心理学爱好者创作了4本心理学著作。他是药品滥用、抑郁症和自杀研究方面的专家，他最畅销的一本著作是：《自杀：永久性的决定》，这本书以法语、德语和中文出版。

他投稿的一些杂志包括《奥杜邦》《美国森林、田野与溪流》《户外体育》《户外生活》《格雷体育杂志》《假饵垂钓》等。他的许多故事已经收进作品集。他目前是《经典体育》杂志的专栏作家，还在诸如《新闻周刊》《纽约时报》《今日心理学》等杂志报纸上发表文章。他的师傅，也是最畅销的幽默故事作家帕特里克·麦克马纳斯在一个严肃的场合曾经说过：“保尔·昆内特是当今尚在写作的最优秀的散文作家之一。”

《巴甫洛夫的鳟鱼：今日钓鱼不完全心理学》是他的第一次尝试，他想把他最喜欢的两种生活结合在一起。他的文章涉猎广泛，讲钓鱼人为什么撒谎，讲钓鱼人的伦理，讲假饵选择中的神经生理学等，他的这本书据预测将成为有关钓鱼的经典作品。姐妹篇《达尔文的鲈鱼》是对钓鱼人心理学的进一步探索。在本书中，他主要讲钓鱼的哲学，一种欣赏生活的哲学。

他花很大的精力培养年轻的临床医生，还在华盛顿大学医学院的精神病学及行为科学系当临床副教授。他的专长包括夫妻生活咨询、紧张控制，并为西北部内陆地区的执法部门提供咨询。他还免费提供假饵钓鱼知识。